JN274907

宮本憲一／森脇君雄／小田康徳
[監修]

西淀川公害の40年
──維持可能な環境都市をめざして──

除本理史／林 美帆
[編著]

ミネルヴァ書房

はしがき

　現在，都市発展戦略としての「環境再生」——環境の回復・保全を軸とした都市再生——がきわめて重要な意味をもつにいたっている。よく知られる欧州の「サステイナブル・シティ」（維持可能な都市）など，国内外でさまざまな取り組みが進んでいるが，日本では，公害地域の再生をもとめる被害者運動のなかから，環境再生が提起されてきたという経緯がある。大阪・西淀川における大気汚染公害被害者の運動は，その先駆けである。

　2012年，被害者救済と環境再生をめざす運動を牽引してきた「西淀川公害患者と家族の会」（以下，患者会）が，結成40周年を迎えた。西淀川では，患者会だけでなく他の住民団体や，消費者団体など分野を異にする市民運動等が，相互に協力関係を構築することによって，公害をなくし地域環境を改善する取り組みを進めてきた。本書は，その経緯を多様な側面から論じ，西淀川でいちはやく「環境再生のまちづくり」の取り組みが開始されるにいたった背景条件を明らかにしたい。西淀川の経験は，維持可能な環境都市をめざす現代の私たちにとって，多くの示唆をあたえてくれるはずである。

　本書の執筆者は2007年以来，戦後大阪・西淀川の公害問題と「環境再生のまちづくり」に関する学際的な共同研究をおこなってきた（松岡は2011年から参加）。人文・社会科学にかぎられるものの，執筆者の専門分野は，経済学，歴史学，社会学など複数の領域にわたる。

　研究をはじめたきっかけは，日本における公害・環境問題研究の重鎮で，公害地域再生センター（あおぞら財団）の理事もつとめた宮本憲一・大阪市

立大学名誉教授のすすめによる（宮本先生には本書の監修をお願いした）。編者の1人，林が勤務するあおぞら財団は，西淀川の公害被害者運動からうまれ，「環境再生のまちづくり」をめざす取り組みの拠点となっている。あおぞら財団のもつ資料と人的ネットワークを活用することによって，本研究は可能になった。財団付属の「西淀川・公害と環境資料館」（エコミューズ）は，西淀川公害に関する多くの貴重な一次資料を所蔵している。本書に収録した写真は，注記したものを除き，エコミューズに収められたものである。

　本書は次の3部からなる。第Ⅰ部は，患者会結成にいたる前史をふくめ，西淀川公害をめぐる人びとの苦闘の軌跡をさまざまな角度から追い，「環境再生のまちづくり」にいたる経緯を明らかにする。まず第1章で，全体の俯瞰図をしめすとともに，都市発展戦略としての「環境再生」の意義について述べる。つづく第2章以降では，記述の対象となっている時期にしたがい，おもに時系列で章を配している。医療，教育，臨海部開発，消費者運動と，章ごとにテーマは異なっており，これらの多様な視点から，西淀川公害をめぐる取り組みの経緯が論じられる。

　第Ⅱ部は，当事者が語る西淀川公害の記録である。被害者，弁護士，企業，行政というそれぞれの立場から，公害問題への取り組みが縦横に語られる。これらは，本書の監修者の1人，小田康徳・大阪電気通信大学教授（エコミューズ館長）の主宰で2001年に発足した「西淀川地域研究会」と，あおぞら財団主催「公害地域の今を伝えるスタディツアー2011」（2011年8月）における，聞き書きの一部である。

　最後に，資料編として，西淀川大気汚染公害訴訟の概要と，関連年表を収めた。なお第Ⅱ部と資料編は，執筆者5人が共同で編集したものである。第Ⅱ部については，当日の記録をもとに再構成し，ご本人の了解を得て収録した。

　本研究の過程では，森脇君雄・患者会会長をはじめとする公害被害者，

医師，弁護士，支援者など少なからぬ関係者に，聞き取り調査へのご協力をいただいた。また，四日市の環境再生に関する学際的研究の成果（『環境再生のまちづくり——四日市から考える政策提言』2008年）の刊行以来，お世話になっているミネルヴァ書房編集部の東寿浩氏には，このたびも本書出版の労をおとりいただいた。皆様に深く感謝申し上げる。

2013年2月20日

除本理史・林美帆

西淀川公害の40年

――維持可能な環境都市をめざして――

目　次

はしがき

第Ⅰ部　公害問題と地域社会――「環境再生のまちづくり」への胎動――

第1章　公害反対運動から「環境再生のまちづくり」へ……除本理史…3
　　　　　――大阪・西淀川からうまれた現代都市政策の理念――
　1　「ポスト工業化」段階の都市政策としての環境再生………… 3
　2　西淀川からうまれた環境再生の取り組み………………… 6
　3　被害救済の原則から環境再生の理論へ………………… 11
　4　公害訴訟から「環境再生のまちづくり」へ……………… 16
　5　小括――公害反対運動の"深化"と「環境再生のまちづくり」………… 24

第2章　地域医療からとらえる西淀川公害……………尾崎寛直…31
　　　　　――「医療の社会化」運動から公害問題へ――
　1　「医療の社会化」と地域医療の生成………………… 33
　2　戦後の「医療の社会化」運動と公害運動………………… 41
　3　西淀川における医師会と公害問題とのかかわり………… 49
　4　西淀川の経験が伝えるもの………………… 56

第3章　西淀川の公害教育………………………林　美帆…65
　　　　　――都市型複合大気汚染と公害認識――
　1　学校現場で公害から子どもを守る………………… 67
　2　西淀川公害教育をつくる………………… 72
　3　教職員組合の活動――西淀川公害裁判と公害教育………… 86
　4　被害から出発した西淀川の公害教育………………… 90
　5　地域再生と公害教育………………… 93

6　小括——西淀川の公害教育とまちづくり……………………………98

第4章　臨海部開発と地域社会……………………………松岡弘之…105
　　　　——フェニックス事業をめぐって——
　　1　フェニックス計画の登場 …………………………………………107
　　2　フェニックス計画と患者会 ………………………………………112
　　3　地域対策と事業の現状 ……………………………………………119
　　4　小括——埋立処分事業と「環境再生のまちづくり」……………124

第5章　大気汚染公害反対運動と消費者運動の合流 ‥入江智恵子…131
　　　　——「環境再生のまちづくり」を支える運動ネットワークの形成——
　　1　1980年代末における西淀川患者会の運動の「転換」……………132
　　2　消費者運動団体による西淀川患者会への支援・協力 ……………138
　　3　大気汚染公害反対運動と消費者運動をつなぐ論理 ………………147
　　4　「環境再生のまちづくり」を支えるネットワーク ………………157

第Ⅱ部　西淀川公害を語る

1　公害認定患者が語るぜん息の苦しみ………（岡崎久女さん）…165
2　西淀川公害訴訟に関する弁護士の活動……（井上善雄さん）…175
3　被告企業からみた西淀川公害訴訟…………（山岸公夫さん）…188
4　西淀川公害に関する大阪市の取り組み
　　——西淀川区公害特別機動隊について——
　　………………………………（増田喬史さん・相崎元衛さん）…217

資料編
   1 西淀川大気汚染公害訴訟の概要 ……………………………………237
   2 西淀川公害関連年表 ……………………………………………………241

監修者あとがき……255

人名索引……263
事項索引……264

第Ⅰ部

公害問題と地域社会
―――「環境再生のまちづくり」への胎動―――

第1章
公害反対運動から「環境再生のまちづくり」へ
――大阪・西淀川からうまれた現代都市政策の理念――

除本理史

いわゆる先進諸国が「ポスト工業化」段階にはいったといわれて久しい。そのようななかで、都市発展戦略として「環境再生」がきわめて重要な意味をもつにいたっている。それはすなわち、環境の回復・保全を軸とした都市再生である（宮本，1999b）。知識産業の重要性が増す現代では、環境・文化など「非経済的価値」の側面からも地域の魅力を高めて、そこに住み働く人びとの創造性をひきだし、地域経済の発展を促すという戦略が、ますます現実性を帯びてきている。「ポスト工業化」段階の都市政策として、環境再生の意義が明らかになりつつある（中村，2004，314-335頁）。

環境再生は国内外でさまざまに進められてきたが、本書でとりあげる大阪・西淀川の取り組みは、国内における先駆的な事例として位置づけられる（第2節）。なぜ、西淀川でいちはやく環境再生にむけた動きがはじまったのか。本章では、この経緯を明らかにしたい（第3節以下）。その前にまず、現代都市政策としての環境再生の意義を述べておかねばならない。

1 「ポスト工業化」段階の都市政策としての環境再生

(1)「容器」としての地域の意味の変化

1960年代末ごろから、いわゆる先進諸国では、資本主義の成立とともに拡大してきた工業生産の重要性が低下していく「ポスト工業化」の傾向が明確になってきた。1950年代以降の各国での経済成長の持続によって、

60年代半ばには，しだいに生産能力が過剰となり，経済成長は終焉にむかっていった。1973年の第1次石油危機を契機として，74年には世界的に不況となり，各国の国民総生産（GNP）の実質成長率は，戦後はじめてマイナスとなった。日本経済もこれ以降，いわゆる「低成長」の時代にはいる。

「ポスト工業化」段階では，知識をうみだし，そだて，つたえることにかかわる知識産業の重要性が高まる。新しい「成長」部門として知識産業の比重が大きくなるというだけでなく，従来からの産業部門においても，知識産業化が進んでいく。そもそも，人間活動の「容器」[1]としての地域のあり方は，そのなかでいとなまれる経済活動等に大きな影響を及ぼす。「ポスト工業化」段階にはいると，「容器」とその中身である人間活動とのあいだの関係性に，次のとおり新たな側面がくわわった。

すでに明らかにされてきたとおり，地域のあり方を規定する要因として「社会資本」が大きな位置をしめる（宮本，1967）。工業生産の発達と大規模化にともない，用地，用水，道路，港湾といった社会資本の重要性が高まるとともに，それらを共同利用することで建設・維持費用を節約しようとする傾向がつよまる。経済活動や人口が地域的に集積するのは，この費用節約を原動力としており，そのことが「集積利益」とよばれるものの中心をなす。企業にとっては，集積利益の享受が利潤の大きな源泉となる（宮本，1973，1980）。

これにたいし「ポスト工業化」段階になると，集積利益をもとめ経済活動や人口が集中・集積する傾向がなくなるわけではないが，冒頭で述べたように，経済活動にとっても，環境・文化など「非経済的価値」の面から地域の魅力を高めることが，非常に重要な意味をもつようになる。たとえば，知識産業に従事する人びとが，地域に魅力を感じそこで働きたいと思うかは，地域経済の発展経路を左右する重大な問題である。「容器」としての地域のもつ，この新たな意義を十分に理解する必要がある。

（2）環境再生の意義

　環境再生は，都市政策だけでなく環境政策の領域でも，新たな課題として重要性を高めている。環境再生がもとめられる「場」は，都市だけではない。

　戦後日本の環境政策の歴史をふりかえれば，まず第1の環境政策として登場したのが，1950年代末〜60年代に顕在化した公害にたいする規制や防止措置であった。これは，現在の環境基本法のもとで，環境負荷の低減と表現されている政策である。環境政策の第2の柱は，1980年代中頃〜90年代以降に大きな課題となった廃棄物問題にたいする循環政策であり，これに関しては，循環型社会形成推進基本法や製品ごとのリサイクル法が制定されてきた。

　環境政策におけるこれら2つの柱は，汚染物質や廃棄物の「フロー」にたいする政策であって，環境政策を展開する「場」の現況（「ストック」として現存する環境）が政策の前提とされていない，という問題がある。環境再生は，現に存在する環境条件という「ストック」を前提とする点で，これまでにない意義を有しており，環境政策の第3の柱として体系化されるべき政策領域である（淡路，2006；礒野・除本，2006）。

　歴史的にみれば，たとえばイタイイタイ病事件でも，農地の土壌復元等として環境再生が取り組まれてきた。都市や農村といったさまざまな地域類型等におうじて，環境再生には多様な課題がふくまれる。

　そのなかで，現代都市政策としての環境再生の意義は，「環境保全や環境回復を重視し，サステイナビリティを枠組みとしながら，ポスト工業化の課題たる都市再生を進める」という点にある（中村，2004，327頁）。都市における環境再生は，都市空間を資本による集積利益追求の場とするのではなく，そこに暮らし働く人びとの「生活の質」を保障する共同的条件としてとりもどし，再生させることでなくてはならない。

2　西淀川からうまれた環境再生の取り組み

（1）高度経済成長の終焉と公害問題の変化

　戦後日本の高度経済成長期に深刻化した産業公害は、「ポスト工業化」へと転換するとともに、改善がみられた。産業公害の発生源となってきた素材型重化学工業は、過剰な生産能力をかかえたまま1974年の不況にはいったため大きな打撃をうけ、産業構造の転換が進んだ。その一方で、生活排水、ごみ、自動車排ガスなどによる都市・生活型公害が深刻な社会問題となっていった。

　高度経済成長期に急速に進んだ大都市への人口集中は、1970年代後半にひととき沈静化したものの、ふたたび増加へと転じた。1980年代にはいると「東京一極集中」といわれるように、東京を中心に人口増加がつづいた。しかし、依然として産業基盤整備が公共投資の中心をしめ、生活関連の社会資本整備が量的・質的にたちおくれたため、都市・生活型公害をはじめとするさまざまな都市問題が生じたのである。とくに、高度経済成長期の公共投資のうち最大のものは道路整備であった。その結果、自動車中心の交通体系が形成され、排ガス汚染が深刻化した。

　高度経済成長期を通じて人びとの生活様式は変化し、アメリカのような大量消費型となった。特徴的なのは、耐久消費財の増加である。1950年代末から、テレビ、電気洗濯機、電気冷蔵庫、電気掃除機、電気・ガス炊飯器などが普及しはじめ、さらに60年代後半になると、自動車やクーラーなどが買われるようになった。こうして消費生活が変わった結果、ごみが増加し、またその質も変化した。質の変化とは、処理困難なプラスチックなどの化学製品や、処理費用のかかる粗大ごみの問題である。

　もちろん大阪市（そして西淀川区）も、以上のような傾向の例外ではなかった。とくに、尼崎の重化学工業地帯に隣接する西淀川区では、区外から

写真1-1　西淀川の大阪製鋼（現・合同製鐵）と淀川製鋼からの排煙
（1960年代前半）

流入する大気汚染物質とともに，区内の工場等からの排出があり，さらに，自動車排ガスの影響もしだいにつよまっていった。それによって，呼吸器疾患をはじめとする住民の健康被害などが発生したのである（小山，1988）。

西淀川公害患者と家族の会（以下，患者会と略）は，このようななかで1972年に誕生した。患者会の当初の目的は，公害をなくし被害補償を実現することが中心であったが，しだいに自分たちが安心して暮らせるよう都市空間をつくりかえる課題，すなわち「まちづくり」をも運動の射程に収めるようになっていった。そして，1990年代以降，「環境再生」という理念を先駆的に提起するにいたる。この点を，全国の大気汚染公害訴訟の動向のなかで明らかにしよう。

（2）大気汚染公害訴訟と環境再生の提起

戦後日本の大気汚染公害は，化石燃料を大量に消費する電力や素材型重化学工業が展開した地域で深刻化した。そうしたなかで，まず1967年に，

表1-1 各地の大気汚染公害訴訟

	第1次提訴	被告	和解日
千　葉	1975.5.26	川崎製鉄	1992.8.10
大阪・西淀川	1978.4.20	関西電力ほか企業10社，国，阪神高速道路公団	企業　1995.3.2 国・公団　1998.7.29
川　崎	1982.3.18	日本鋼管ほか企業12社，国，首都高速道路公団	企業　1996.12.25 国・公団　1999.5.20
倉　敷	1983.11.9	川崎製鉄ほか企業8社	1996.12.26
尼　崎	1988.12.26	関西電力ほか企業9社，国，阪神高速道路公団	企業　1999.2.17 国・公団　2000.12.8
名古屋	1989.3.31	新日鉄ほか企業11社，国	2001.8.8
東　京	1996.5.31	国，東京都，首都高速道路公団，自動車メーカー7社	2007.8.8

（出所）　篠原（2002）15頁より抜粋（一部加筆）。

三重県四日市市において公害訴訟が提起された。四日市公害は，石油化学コンビナートによる産業公害であり，その発生源企業が被告とされたのである。

　この訴訟で1972年に被害者側が勝利すると，1970年代半ば以降，各地で大気汚染公害訴訟が提起されていった（表1-1）。大阪・西淀川でも1978年に提訴がなされているが，これ以降，被告に国と高速道路公団がくわわっていることがわかる。これは当時，しだいにつよまってきた自動車排ガス汚染の影響を考慮したものである（篠原，2002，68頁）。

　一連の大気汚染公害訴訟は，1990年代に入って順次，和解解決をむかえていく。その過程で，被害者原告らは，被告企業から得た解決金（和解金）の一部を地域のために拠出し「環境再生のまちづくり」へと足をふみだした。

　その先駆けとなったのが，西淀川の患者会である。患者会が提訴の方針を決めたのが1977年（第1次提訴は1978年），発生源企業との和解が1995年，国・高速道路公団との和解が1998年であるが，すでに1991年に，患

図1-1 「西淀川再生プラン」(パート1)

者会は「西淀川再生プラン」(パート1)を発表し(図1-1)、また1995年には、上記の目的で和解金の一部の拠出を決定した。これをうけて、1996年に(財)公害地域再生センター(あおぞら財団)が設立されている(傘木、1995：公害地域再生センター、1998)。

　ところで前述のように、日本でもこれ以前から環境再生の取り組みはあったが、おもに都市を舞台に、住環境や交通体系の改善、都市アメニティの回復等まで視野に入れた「環境再生のまちづくり」を提起したのは西淀川が最初であろう。その背景には、西淀川という「場」を介して、理論と運動が相互に影響をあたえあい発展してきたことがある。以下では、この相互規定的な発展過程を明らかにしていく。西淀川で「環境再生のまちづくり」にいたる経緯については、これまでおもに当事者の書いた文献によって説明されてきたが、ごく簡単な記述にとどまっている。本章では、一次資料や関係者への聞き取り調査などをもとに、戦後の西淀川公害史に関する既存文献では十分な位置づけをあたえられてこなかった出来事にも着

写真1-2　西淀川公害訴訟での被告企業との和解確認式（1995年3月2日）

目して，再評価をこころみたい。

　なお，「環境再生のまちづくり」という表現は，西淀川などで当初から使われたわけではなく，初期には「公害地域再生」などといわれていた。しかし，そこで提起された課題は，広く都市地域全般にも共通するものなので，その後，「公害地域再生」をコアとしつつそれより広い概念として「環境再生のまちづくり」が用いられるようになっている（宗田ほか編著, 2000；宮本監修, 2008）。本書ではこの点をふまえ，おもに都市地域で住民が主体となって，地域環境やコミュニティの再生まで展望しつつ公害・環境問題の解決をはかり，さらに維持可能（サステイナブル）な地域をめざすことを「環境再生のまちづくり」とよぶ[6]。前述のように，環境再生の重要性は都市地域にかぎられないが，「環境再生のまちづくり」は，おもに都市地域に関して環境再生の課題を具体化した理念であり，取り組みである。ただし，「まちづくり」という語のもつニュアンスから，生活圏を基盤とし，地域住民が主体となる取り組みという意味合いがつよまるといえる

（除本, 2009, 35頁）。

3　被害救済の原則から環境再生の理論へ

　日本における公害研究のパイオニアの一人である宮本憲一は，1970年代から，公害問題を根本的に解決するには地域社会・地域環境の復元までいたらねばならない，という原則を提唱してきた。これが1980年代以降，環境再生の理論へと展開されていく。

　宮本が社会運動と密接な関係をもちながら研究をおこなってきたことは周知のことだが，宮本自身は，社会運動にたいする研究者の役割を，経済学者・大内兵衛の言葉を借りて「観測班」と表現し，政策の重点目標や効果などを伝達・分析するものと位置づけた（宮本, 1996, 245頁）。この意味で，宮本の理論展開と，西淀川の公害反対運動をふくむ社会運動の動向とは，不可分の関係にあるといってよい。

（1）「宮本の法則」と被害救済の原則

　宮本は次のように書いている。「アメニティ問題は環境問題の基底にあり，それらが悪化していくと，終極には人間の死亡や健康障害の公害が生みだされる」（宮本, 1989, 99頁）。これは公害問題と自然環境の破壊などのアメニティ問題との連続性を指摘したものであり，清水誠によって「宮本の法則」と名づけられた（宮本, 1987, 14頁・注4）。

　この観点から宮本は，公害・環境被害の救済の原則を6つに整理し，そのうち第1の原則として原状回復を，また第3の原則として総合的な救済を提唱した。これらの原則によれば，公害被害の救済のためには，被害者の健康と生活環境の回復から，さらに「もっと広いいみでアメニティのある街づくりをおこなって，市民が安心して健康で文化的な生活をおくる都市をつくること」まで進むべきである（宮本, 1989, 172-173頁）。この理論

は，被害者救済をもとめる運動も，公害被害者の直接的利害にとどまらず，本来「公共性」を有しており，広く住民全体にかかわる課題まで射程に収めるべきだ，という主張として理解することが可能である。

　以上の宮本の議論は，四日市や水俣などの研究にもとづき，1970年代にはすでに形成されていた。宮本は，1967年に提起された四日市公害訴訟で原告側証人として出廷しているが，その判決直後に「判決と現実のギャップ」として，次のように述べた。「判決はまことに立派であった。だが〔中略〕10年の歳月をへて，数年の裁判の結果として，わずかに9名の患者〔原告〕の救済措置がとられたのみである。犯人と断定された企業の煙は依然として吐きだされ，毎月20名以上の患者がふえているのである」。したがって「被害者の無条件即時全面救済」が必要であるし，「企業の破壊した海・河川・大気・緑地などの自然を最低限，人々が利用できる環境に回復することが，企業の責任である」（宮本，1972，74頁。漢数字は算用数字に改めた）。ここにはすでに，上記の被害救済の原則と共通する内容が述べられている。また，1970年代後半に刊行された『公害都市の再生・水俣』では，「宮本の法則」と被害救済の原則が，水俣病事件に即して詳しく述べられている（宮本，1977）。

（2）環境再生への展開

　この書名にしめされているように，1970年代後半に宮本は「公害都市の再生」という課題を提起していたが，1980年代に全国に広がった水郷・水都再生の運動や，イタリアの自治体調査から得られた知見などを背景として，さらに環境再生の理論を発展させていく。[7]前者の背景については次項に譲り，ここでは後者（イタリア調査）について述べる。

　宮本は1986～87年，イタリアで2度の自治体調査を実施した（宮本，1987，232頁）。そのなかで訪れたラベンナ市は，大規模な自然再生をふくむ都市計画を策定していた。1950年代後半～60年代に深刻化した石油化

学コンビナートの公害をきっかけに，同市は1970年代に芸術・文化の都市へと転換をはかった。そして1983年には，干拓してきた土地の一部をふたたび海へもどすことなどをふくむ，壮大な都市計画がつくられた。

　この調査をもとに，宮本は次のように書いている。「20世紀は自然破壊の世紀であったとすれば，これからは自然復元あるいは再生の中で地域の発展を考える時代である。このラベンナをはじめイタリアの経験に学んで，宍道湖・中海の干拓・淡水化事業は一時停止することができたが，日本でもラベンナ市のようにもう一歩すすんで，自然の復元・再生の中で，地域の未来を考える必要があるのではないか」(宮本，1989，311頁)。ここでは，単に環境破壊をとめるだけでなく，そこからさらに環境再生へと進むべきだという主張が具体的な裏づけをもって展開されている[8]。

（3）背景としての公害訴訟，市民運動

　宮本は，前述の被害救済の第3の原則を説明した際，西淀川を例に挙げ次のように述べている。「日本一大気汚染のひどい大阪市西淀川区の患者がかりに裁判に勝って賠償金をもらっても，いまの状況では，アメニティのない西淀川地域をはなれてもっと住みやすい街に引越したいと思うのは当然である。これでは救済が十分におこないえたとはいえない」(宮本，1989，173頁)。ここには，宮本が西淀川公害訴訟の展開を念頭に置いて，第3の原則を考えていたことがしめされている。この当時すでに，宮本と西淀川の公害反対運動とのかかわりが深かったことは，患者会総会の議案書などからも明らかである。たとえば1980年代後半～90年頃，大阪市立大学の宮本ゼミとして，患者会との交流や西淀川の調査を何度もおこなっている[9]。

　市民運動との関係では，環境再生の議論の背景に，前述のとおり1980年代に広まった水郷・水都再生の運動があることも述べておかねばならない。大阪では，1979年に大阪都市環境会議（大阪をあんじょうする会）が結

成されたが，宮本はその代表をつとめ，「理論的支柱」（岡村，1983，5頁）といわれた。

　大阪都市環境会議は，中之島の歴史的建築を破壊する大阪市の開発計画への反対運動からうまれ，地域とむすびついた人びとの生産・生活を基盤として，都市の自然や歴史的景観を保全することをめざした（大阪都市環境会議編，1990）。同会議は，1980年代には市民のあいだで広く認知されるようになり，運河の埋め立て問題がおきた小樽や，干拓・淡水化計画が問題となった宍道湖・中海などとともに，水郷・水都をまもる全国的運動の中心的存在のひとつになる一方，西淀川の患者会とも接点をもっていった。

　大阪は古くから，市内を縦横にながれる川とともに人びとの生活がいとなまれる「水の都」だったが，戦後の高度経済成長期に水質汚濁が進み，自動車交通の発達もあって，川はつぎつぎと埋め立てられていった。そして，そこにつくられた高速道路は大気汚染公害をひきおこした。都市の自然や歴史的景観の保全をめざす大阪都市環境会議が，水都再生を課題としたのはごく自然だったといえる。

　このように，宮本が環境再生の理論を展開した背景には，西淀川公害訴訟や，それとも接点をもった市民の環境運動があったのである。以下では，大阪都市環境会議に関し，活動の経緯，そして患者会との接点について述べておきたい。

（4）大阪都市環境会議の発足と活動，「西淀川再生プラン」とのかかわり

　大阪都市環境会議の淵源をさかのぼると，中之島開発への反対運動にたどりつく。1971年6月，大阪市が発表した「中之島東部開発計画」にたいし，日本建築学会，新建築家技術者集団があいついで中之島保存の要望書を提出した。中之島には，日本銀行大阪支店・市役所・府立図書館・公会堂という4つの歴史的建築があったためである。運動の結果，府立図書館は国の重要文化財に指定され（1974年），日銀で改築計画の変更により

外観をのこす工夫がとりいれられた（1975 年）。市庁舎についても，1979年から改築工事にかかったが，高さやデザインの面で景観に調和するものに大幅に計画の変更がなされた。公会堂は，1988 年 3 月に永久保存することが大阪市によって発表された（大阪都市環境会議編，1990）。

　大阪都市環境会議は，市庁舎の問題が落着した頃，中之島保存運動にかかわっていた都市計画家・高田昇らの「『中之島ばっかり見ててもあかん。大阪全体をしっかり見張っていかんと』という危機感」から，1979 年 11 月に 300 人の市民によって結成された（大阪都市環境会議編，1990，121 頁）。同会議は，空間的なまちや人の動きを，目にみえる形で変えていくことを第一義的な運動の主題とし，活動はすべて現場の実際を自ら追体験することから出発する，というスタンスを特徴とした（岡村，1983，7 頁）。これは，それまでの大型プロジェクト主導の地域振興へのアンチテーゼであり，「市民の内発的エネルギーに依拠して，都市の文化的再生，産業の立て直しをはかる」志向性をしめしている（高田，1980，103 頁）。

　活動は，①わがまち再発見運動としての"大阪を歩く会"，②語りあえるサロンとしての"大阪を語る会"，③自主的な市民のまちづくりビジョンをかかげる"わがまち診断"という 3 つの柱で進められた（山岸，1986，57 頁）。同会議は，市民のサロンとして機能しながら，「まちづくりへの愛着を呼び起こすに欠かせない『市民共有の原風景』」の再発見運動をおこなっていった（高田，1980，104 頁）。

　大阪の原風景をもとめる"大阪を歩く会"は，大阪市内の商店街や船場，臨海地域や公園など，毎回 50〜100 人にもなる参加者を得て企画をかさね，設立から 4 年後には 20 回を数えるまでになった。西淀川地域でも，患者会が受入先となって「歩く会」や「見学会」が何度もおこなわれている[10]。

　大阪都市環境会議は，中之島の公会堂保存運動をはじめ，千日デパートビル火災問題や長堀通地下駐車場建設問題，御堂筋の景観整備計画など，大阪市の都市計画事業への発言者として，1980 年代以降，マスコミにと

りあげられることも多かった。1980年代半ばには「水郷・水都全国会議」（1985年結成）の一中心となり，アメニティをもとめる住民運動の広がりの一端を担った。1989年11月には，中之島公会堂の保存問題をとりあげた「中之島公会堂市民会議」シンポジウムを看板企画に「ABCラジオまつり」（朝日放送）がひらかれ，18万6000人の市民があつまった。この時期の大阪の市民運動として広く認知されていたといえる。

　大阪都市環境会議の活動の広がりによって知名度が高まることで，地域の問題の解決に困った市民が相談にくることも多々あった。患者会もまた，そのひとつであったといえる。1990年頃，患者会が「環境再生のまちづくり」の発想をもったとき，その内容を具体的にしめす「絵」を描く相談をもちかけた先が，大阪都市環境会議であった（西淀川公害患者と家族の会編, 2008, 324頁）。この「絵」とは，前述の「西淀川再生プラン」のことである。大阪都市環境会議のメンバーで，西淀川公害訴訟の支援もしていた傘木宏夫は，同プランの作成に大きな役割をはたしたのである。

4　公害訴訟から「環境再生のまちづくり」へ

（1）患者会への理論的影響

　前節でみたように，西淀川の患者会の運動は，環境再生の理論的展開にとって重要な意味をもった。他方，宮本の理論もまた患者会に浸透し，患者会が「環境再生のまちづくり」へと足をふみだすうえで，それを理論的に後押しする役割をはたしたといってよい。

　西淀川の患者会が「環境再生のまちづくり」に取り組むようになった理由について，同会の中心的存在というべき森脇君雄は，次のように述べている。「〔四日市での被害者側勝利の判決は西淀川公害訴訟の提起を後押ししてくれたが，〕四日市の場合，裁判に勝って原告が損害賠償を得ても，加害企業による悪煙はとまらず，空気はきれいになりませんでした。裁判で勝利判決

第1章　公害反対運動から「環境再生のまちづくり」へ

写真1-3　講演する宮本憲一（第4回公害デー，1975年11月7日）

した日も，工場から煙は"知らぬ存ぜぬ"とばかり，もくもくと空に向けて上がっていました。『何か割り切れなさ』を感じたことも事実です」。「〔西淀川公害〕裁判の進行とともに脳裏をはなれなかったのが，きれいな空気を取り戻すことと疲弊したまちの再生であり，前述した四日市裁判の教訓をどう生かすかにありました」（西淀川公害患者と家族の会編，2008，322-324頁）。

　森脇のいう「四日市裁判の教訓」とは，宮本が四日市公害判決直後に書いた内容（前掲）とほぼ同じであるといってよい。宮本の著作等が引用されているわけではないが，内容からみて，その理論的影響が看取される。またこのことは，次のとおり，筆者らの聞き取り調査からも確認された。

　森脇は，公害訴訟判決のでた1972年に四日市を訪れている。そのときの印象は次のように語られている。「四日市の街は，煙突が非常に多く，工場から出る煙は太陽の光を遮っていた。市内が空洞化して企業住宅には人が住み着いて居なかった。工場から流れ出る水はきれいだが魚がまるで泳いでいないのが印象的でした」（「森脇君雄さん，豊田誠さんの古希を祝う会」

実行委員会編，2005，23頁）。この体験と宮本の議論とがかさなって，森脇は裁判に勝つだけでは公害はなくならず，被害者救済もはたされないと実感したのだという[13]。

「四日市裁判の教訓」にかぎらず，宮本の理論は，患者会の関係者によって学ばれていた。たとえば，患者会の第4回総会（1975年）の議案書は，『恐るべき公害』（庄司・宮本，1964）を引用して，日本の公害の特徴を確認し「学習の意味」を明らかにしている。前述のように宮本と患者会のつきあいは深かったので，さまざまな機会に森脇らは宮本の理論を学んでいったのではないかと推察される。

（2）被害者救済と「まちづくり」の併行的問題化

西淀川における「環境再生のまちづくり」について考えるうえで，前項で述べた理論的背景とともに，公害訴訟の提起と同時期に「まちづくり」の課題が併行的に先鋭化し，公害反対運動のなかでとりあげられてきたことも，運動史の面では見落とせない。以下で述べる工業専用地域指定反対運動は，戦後の西淀川公害史を扱った文献ではとりあげられていないが[14]，大阪市の計画を変更させただけでなく「明るく住みよい街づくり」をめざす住民組織への結成につながったという点で注目に値する。

①工業専用地域指定反対運動から「まちづくり」へ（1977〜78年）

1977年11月，大阪市が，都市計画法にもとづく工業専用地域を全市で従来の約3倍に拡大しようとしていることが明らかになった。西淀川区ではそれまで工業専用地域は存在しなかったが，大阪市の案によれば同区の面積の40％，510haが「虫くい」状に指定されることになり，そこには当時，約1400世帯，4700人が住んでいた[15]。全市でみると，市の案で新たに工業専用地域とされた区域の世帯数・人口は，約2000世帯，6000人であったから[16]，西淀川区への影響はきわめて大きいことがわかる。他区とは

異なって西淀川区では，多くの人びとが現に住んでいる区域を，市は工業専用地域へと変更しようとしたのである（図1-2，表1-2）。

工業専用地域に指定されると，住民にとって何が問題となるのか。当時だされたビラには，問題点が次の5点にまとめられている。①工業専用地域では，工場以外（住宅，店舗，学校，病院，ホテル，娯楽・公共施設等）は新たに建てられない。②移転するにしても地価が下がり，また移転に際し市からの援助もなく，移転費用が高くつく。③工業専用地域は国の大気環境基準の適用から除外され，公害が野放しになる。④公害は野放しで，家の増改築に制限がくわわるとなれば，強制されないにせよ，いずれ住民はでていかざるをえなくなる。⑤商店の人びとにとっては，客足がへり，営業がなりたたなくなる（長年営業してきた商店を簡単に移転することはできない）。

また，西淀川公害訴訟の提起（1978年4月）にむけて準備を進めていた公害被害者にとっては，以上にくわえて独自の切迫した事情があった。当時すでに，二酸化窒素（NO_2）の大気環境基準緩和をもとめる産業界などの動きが，かなり明確になっていた。このとき，森脇は患者会の事務局長をつとめていたが，国のレベルでのNO_2環境基準緩和，大阪市による工業専用地域指定——これらを通じて患者会の公害訴訟提起の動きに攻撃がくわえられた，と感じたという。

大阪市の計画が西淀川区選出の市議会議員を通じて明らかにされると，住民のあいだで，しだいに反対の気運がもりあがっていった。1977年12月には，区内の複数の日赤奉仕団・地域振興会（町内会・自治会に相当）をはじめ，西淀川区医師会などからも反対の陳情書がつぎつぎと提出されていった。

年明けから，反対運動は「工業専用地域指定の再検討をもとめる区民連絡会議」（以下，「区民連絡会」と略）の結成へとむかう。よびかけ団体は，患者会，大阪市教職員組合西大阪支部，大阪市職員労働組合西淀川区役所支部，および西淀川区医師会の4団体であり，これらの団体の会合（1月

第Ⅰ部　公害問題と地域社会

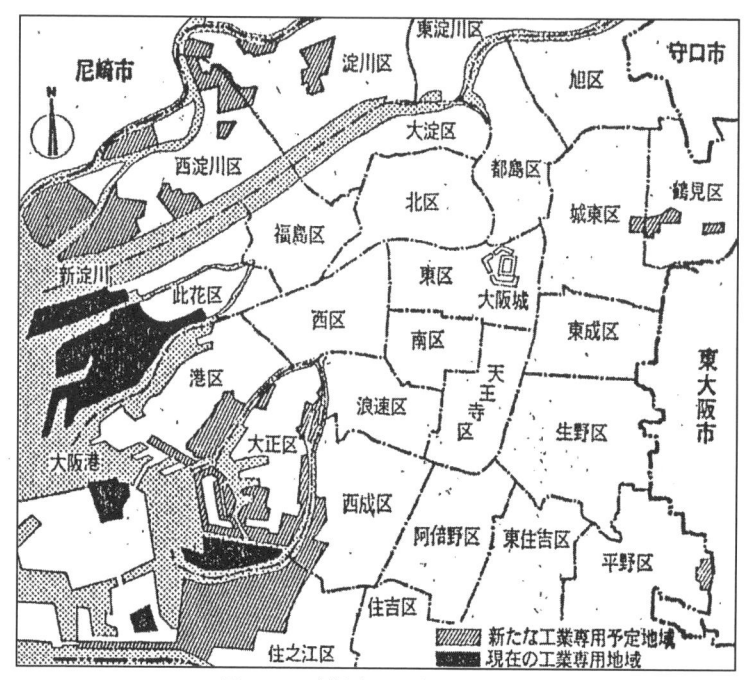

図1-2　大阪市の用途地域変更案

（出所）『朝日新聞』1978年1月25日付。

表1-2　従来の工業専用地域と市の計画（単位：ha, %）

区名	従来の工業専用地域		新たに指定しようとする区域		計	
淀川	−	−	110	(6.9)	110	(4.6)
西淀川	−	−	510	(31.9)	510	(21.4)
此花	550	(70.3)	5	(0.3)	555	(23.3)
港	−	−	140	(8.8)	140	(5.9)
大正	147	(18.8)	250	(15.7)	397	(16.7)
住之江	85	(10.9)	450	(28.2)	535	(22.5)
西成	−	−	70	(4.4)	70	(2.9)
城東	−	−	13	(0.8)	13	(0.5)
鶴見	−	−	35	(2.2)	35	(1.5)
平野	−	−	14	(0.9)	14	(0.6)
計	782	(100.0)	1,597	(100.0)	2,379	(100.0)

（出所）辰巳氏資料 No.15より作成。

写真1-4　「工業専用地域指定の再検討をもとめる区民連絡会議」の結成
　　　　（1978年2月24日）

24日）では，工業専用地域の問題を「西淀川の将来の街づくりにかかわること」と位置づけた。[20]「区民連絡会」は2月24日に結成され，3月2日には区民集会を開催し約600名が参加した（淀協史編纂委員会編，1981，200頁）。また「区民連絡会」のよびかけ団体は，区民のあいだで署名運動を展開し，3月28日には2万2000名分の署名を大阪市に提出した。[21] 当時の西淀川区の人口は9万2070人，[22] うち市の計画で工業専用地域とされた区域の住民は前述のとおり4700人であるから，署名運動は当該住民の範囲を超えて，区民のなかにかなりの広がりをもったということができよう。当時1700世帯，3000人を組織していた患者会は，署名運動の重要な一角を担った。

　運動のもりあがりにたいして，大阪市は計画変更を余儀なくされ，3月31日にいたって，西淀川区選出の3市議にたいし，同区では工業専用地域を沿岸部の外島と矢倉町にしぼると回答した。これは，当初計画の工業専用地域の同区住民のうち99％がはずれたことを意味する（淀協史編纂委員会編，1981，200頁）。

　この運動は，さらに「まちづくり」に関する組織の結成へとつながって

いった。「区民連絡会」は、「総括の最終会議で、住民の手による住民のための街づくり運動を継続発展させようと『明るく住みよい街づくりの西淀川区民会議』を結成することにな」り（淀協史編纂委員会編，1981，207頁），1978年12月2日，結成総会がおこなわれた。

しかし，この組織はしばらく活動を継続したものの，1978年4月の公害訴訟提起直後の時期にあたることもあってか，その後，立ち消えになっていったという[23]。したがって，この取り組みが西淀川における「環境再生のまちづくり」に直結しているわけではないが，少なくともそれ以前から，公害反対運動のなかに，広く住民全体にかかわる課題に取り組もうとする志向性が存在してきたことは明らかである。

②フェニックス計画反対運動（1980年代後半）

その後も患者会が全住民的課題に取り組みつづけたことをしめす事例として，1980年代後半のフェニックス計画反対運動が挙げられる。同計画は，廃棄物で大阪湾に埋立地を造成するというもので，1985年に基本計画が公表され，市民に具体的内容が知らされた。事業主体は，近畿2府4県と市町村などが出資する大阪湾広域臨海環境整備センターである[24]。患者会は，廃棄物をはこぶ自動車による公害や海洋汚染などを懸念し，いちはやく事業主体（上記センター）と大阪市への集団交渉をおこなった。1985年8月には，患者会や連合町会をはじめとする30の団体が，この問題で「中島基地設置反対西淀川連絡会」を結成している[25]。しかし，1990年から廃棄物の投入が開始され，計画は進められていった（詳しくは第4章参照）。

（3）「環境再生のまちづくり」の始動（1988年～）

本節で述べてきたように，西淀川の患者会には公害訴訟の「公共性」という宮本の理論がかなり浸透していたと考えられ，また患者会自身も，公害訴訟の提起とほぼ同時期から，「まちづくり」という地域全般にかかわ

写真1-5 「西淀川再生プラン」発表シンポジウム（1991年3月21日）

る課題をかかげ運動をおこなっていた。このような歴史的条件のもとで，「環境再生のまちづくり」が始動することになる。

西淀川の患者会で「環境再生のまちづくり」が具体的に動きだしたのは，1988年以降である。それは，長期化する公害訴訟の局面打開と，解決のあり方を見越した現実的対応のなかからあらわれたといえる。

この時期，患者会は公害訴訟の早期結審，公正判決を実現するために，訴訟の意義を広く市民につたえる取り組みをはじめた（第5章参照）。象徴的なもののひとつが，中之島公会堂でおこなわれた「きれいな空気と生きる権利を求めて──西淀川公害裁判早期結審，勝利判決をめざす3.18府民大集会」（1988年）である。集会にむけて，患者会と西淀川公害訴訟弁護団は「運動班」を結成し，500を超えるさまざまな団体に裁判の支援と集会への参加をよびかけた。集会には2000人を超える参加があり，この成功が，世論の支持を広げる運動を展開していく端緒となった（西淀川公害訴訟原告団・弁護団，1998, 27頁）。

もうひとつは，大阪府内を中心に12ヵ所で開催されたイベント「共感

ひろば」(1990年9月〜91年2月)である。この企画立案・実施の過程で,公害訴訟の運動は,大阪都市環境会議のメンバーや地域生協の組合員などの支援者を獲得し,運動の幅を広げる条件となった(入江,2009,7頁)。

こうしたなかで,公害被害者たちは「被害者救済のたたかいの成果を地域社会に還元したい」と願うようになった(公害地域再生センター,1998,6頁)。これは,被害者救済の取り組みが,地域全体に共通する課題と密接につながっていることをしめす,ということにほかならない。その結果作成されたのが,1991年の「西淀川再生プラン」だったのである。この作成過程で,患者会が大阪都市環境会議に相談をもちかけたことは前述のとおりである。

5　小括——公害反対運動の"深化"と「環境再生のまちづくり」

本章では,環境再生を「ポスト工業化」段階における都市政策として位置づけ,大阪・西淀川から「環境再生のまちづくり」が提起されてきた経緯を述べてきた。西淀川の公害反対運動は,被害者自身の救済にとどまらず,「まちづくり」のように地域全般にかかわる課題をかかげつづけてきたこと,そしてそれを裏づける理論(環境再生をめざす公害訴訟,被害者運動の「公共性」)が西淀川の運動を背景に形成され,その理論がさらに患者会の内部に浸透していったこと,したがって理論と運動が,いわば相互規定的に展開されてきたこと,を明らかにしてきた。

ここからいえるのは,西淀川の公害反対運動が,被害者自身にとどまらず地域全般にかかわる課題をかかげて「住民運動」としての実質を獲得し,さらに「市民運動」の支援を得て持続的・長期的に展開してきた,ということである。いわば,公害反対運動の"深化"である。

長谷川公一の対比によれば,「住民運動」は,比較的狭い地域に密着した個別課題に,利害当事者が取り組む運動である。これにたいし「市民運

動」は，理念や運動目標の共同性をもとに自律的な市民が個人として参加し，より広域の全市，全県，さらには全人類的な課題に取り組む性格がつよい，とされる（長谷川，2003，37-39頁）。気候変動問題のような地球規模の環境問題が深刻化している現代では，環境問題への対策をもとめる取り組みは「市民運動」にならざるをえない面がある。そして，比較的狭域の問題に関係する「住民運動」であっても，運動が長期に持続するためには，その外側に広がる「市民運動」の支援をうけることが重要な意味をもってきた。

　西淀川公害訴訟が提起される直前の1976年の時点でみると，区民の20人に1人が，行政によって公害病と認められた認定患者という状況であった（入江，2007，74頁）。これは他地域に比して高い割合であり，西淀川公害の深刻さを物語っているが，とはいえ区民の多数をしめるわけではなく，やはり被害者たちは地域のなかでいわば「点在」していたといえる。もちろん，前述した「宮本の法則」がしめすように，公害被害は広い裾野をもち，認定患者はあくまで氷山の一角だという視点からすれば，被害者は全住民だといえるが，そのことを住民が自覚するのは容易ではない（その一端は，第3章で述べられた生徒たちの意識からも垣間見える）。

　こうしたなかで西淀川では，患者会が「まちづくり」等の地域共通の課題をかかげることによって，公害反対運動を被害者運動から「住民運動」へと実質化させようとしてきた。また，1980年代以降は，大阪都市環境会議や府内の消費者運動など，外側の「市民運動」ともネットワークを形成し，その支援をうけながら，取り組みを広げてきた（消費者運動については第5章参照）。これらの運動が理論的発展とからみあって進むなかで，「ポスト工業化」段階にふさわしい都市政策の理念として，「環境再生のまちづくり」が西淀川から先駆的に提起され，取り組まれることになったのである。

(付記)本章第3,4節は,除本理史・入江智恵子・尾崎寛直・林美帆「『環境再生のまちづくり』の理論と運動——大阪・西淀川という『場』を介した両者の相互規定的な展開について」『環境と公害』第39巻第4号,2010年,をもとに加筆したものである。

注

(1) 宮本(1967, 1980, 1981, 1989)は,「外部性」とされる社会資本,都市,国家,環境を人間活動の「容器」とよび,政治経済学の体系内にとりこもうとしてきた。

(2) 思想家アントニオ・ネグリは,「ポスト工業化」段階において都市空間が「生産の源泉」「生産の現場」になったと位置づけ,都市住民を変革主体として重視している(Negri, 2006 = 2008, 上61頁,下171頁)。関心の所在は違うが,これは,すでに宮本(1970, 1980)が都市問題を「現代的貧困」と名づけ,資本主義体制の基本矛盾として位置づけたことと通底している。

(3) 第2章で扱う医療も,都市空間と同様,この意味での「共同的条件」にふくめて考えることができる。

(4) 西淀川公害訴訟弁護団の村松昭夫弁護士からの聞き取り(2009年11月21日)。

(5) 一次資料は,聞き取り調査の過程で入手したもののほか,公害地域再生センター付属西淀川・公害と環境資料館(エコミューズ)所蔵資料を用いた。本章で引用したエコミューズ所蔵資料は,患者会の各回総会議案書,および辰巳氏資料である(後掲)。

(6) 引用文中において「まちづくり」を「街づくり」と表記する場合がある。

(7) この点は論文・著書からもある程度明らかだが,ご本人からの聞き取り(2009年5月9日)で改めて確認した。

(8) さらにその後の発展を踏まえ,宮本(1999a)などで「環境再生」についてまとまった議論がなされている。この提起をうけ,川崎を対象地域として開始された研究の成果が,永井ほか編著(2002)である。

(9) 西淀川公害患者と家族の会『第14回総会議案書』1985年12月13日,53頁,同『第15回総会議案書』1987年3月20日,32頁,同『第18回総会議案書』1989年12月13日,35頁,同『第19回総会議案書』1991年3月2日,43-44頁,同『第20回総会議案書』1991年11月2日,28頁,および宮本氏からの聞き取り(2009年5月9日)による。

(10) 西淀川公害患者と家族の会『第9回総会議案書』1980年10月26日,15頁,同『第13回総会議案書』1984年11月25日,48頁,前掲『第14回総会議案書』52頁,前掲『第20回総会議案書』27頁。

(11) 「保存・再生願い中之島公会堂に19万人の熱気」『朝日新聞』1989年11月24日付。

⑿　前掲，宮本氏からの聞き取りによる。また，岡村（1983）8頁。
⒀　森脇氏からの聞き取り（2009年6月13日）による。
⒁　小山（1988），黒田（1996a），西淀川公害訴訟原告団・弁護団監修（2000），西淀川公害患者と家族の会編（2008）など。この運動については，除本（2010）で詳しく扱った。
　　なお，戦前期の公害については，小田（1987）。
⒂　西淀川公害患者と家族の会『第7回総会議案書』1978年10月29日，16頁。世帯数・人口は，辰巳正夫氏資料No.4, No.15による。辰巳氏は当時，西淀川区選出の大阪市議であった。辰巳氏資料は，筆者が共同研究者とともにおこなった聞き取り（2008年9月28日）の際に氏からお借りし，ご本人と公害地域再生センターの了解を得て，複写をエコミューズに所蔵することになったものである。所蔵にあたっての資料整理は筆者らがおこなった。
⒃　『朝日新聞』1978年1月25日付。
⒄　淀川勤労者厚生協会社会保障共闘会議（西淀川医療労働組合，（財）淀川勤労者厚生協会）によるビラ（1978年2月発行，辰巳氏資料No.36）。
⒅　大気環境基準は「工業専用地域，車道その他一般公衆が通常生活していない地域または場所については，適用しない」とされている。
⒆　森脇氏からの聞き取り（2009年3月11日）による。
⒇　『市にしよど』（大阪市職員労働組合西淀川区役所支部教育宣伝部）第1731号，1978年1月27日。
(21)　西淀川公害患者と家族の会，前掲『第7回総会議案書』16頁。また『市にしよど』第1753号，1978年2月28日。
(22)　1977年3月末の住民基本台帳人口。『第65回　大阪市統計書　昭和52年版』による。
(23)　森脇氏からの聞き取り（2009年3月11日）による。
(24)　『朝日新聞』1990年11月15日付。フェニックス計画については，巨大ゴミの島に反対する連絡会編（1990），黒田（1996b）。
(25)　前掲『第14回総会議案書』26-28頁。本文中の「連合町会」は，原文のママ。大阪では通常，町会は日赤奉仕団・地域振興会とよばれる（本文でも前述）。
(26)　患者会は，1992年にブラジルのリオ・デ・ジャネイロで開催された「環境と開発のための国連会議」に参加し公害被害の継続をうったえた経験などから，地球環境問題と足もとの公害問題とが連動していることを自覚してきた。そして，地球環境問題への今後の取り組みを，自らの活動のなかから設立した，あおぞら財団にゆだねている（西淀川公害患者と家族の会編，2008，262-264，354頁）。患者会が，地球環境問題に関心をよせてきたことは，第5章でも述べられている。
　　なお，かつて水口憲人は，西淀川の公害被害者団体のかかげる要求の性質が，

「公害をなくす」という「普遍的要求」から，被害者救済という「個別の直接的利害」に変化したとする論文を発表している（水口，1975）。1975年の論文という制約はあるが，被害者運動のその後の展開は，本章で明らかにしたように水口の評価と合致していない。また詳述は避けるが，本章における被害者運動と町内会との関係性の評価も，水口と異なっている。

(27) 西淀川から先駆的に環境再生の理念が提起されたということと，実際に「環境再生のまちづくり」の取り組みが順調に進んでいるかということは，別の問題である。大阪湾や東京湾のような大都市圏臨海部では，工業生産や関連する物流などの機能が集積してきたが，「ポスト工業化」にともない遊休地もうまれている。にもかかわらず，計画的な環境再生は進まず，虫食い的な再開発等をゆるしてしまっている（中村，2004，316-325頁）。「環境再生」の意義は改めて強調されてよい。

参考文献

淡路剛久（2006）「環境再生とサステイナブルな社会」淡路剛久監修，寺西俊一・西村幸夫編『地域再生の環境学』東京大学出版会。

礒野弥生・除本理史（2006）「環境再生の意義と課題——足もとの地域から『持続可能な社会』をめざして」礒野弥生・除本理史編著『地域と環境政策——環境再生と『持続可能な社会』をめざして』勁草書房。

入江智恵子（2007）「大気汚染公害に見る湮滅の構造——大阪市西淀川大気汚染公害を事例として」畑明郎・上園昌武編『公害湮滅の構造と環境問題』世界思想社。

入江智恵子（2009）「西淀川公害反対運動にみる問題の『とらえなおし』の意味」OCU-GSB Working Paper, No. 2009205。

大阪都市環境会議編，高田昇監修（1990）『中之島・公会堂——よみがえる都市の鼓動』都市文化社。

岡村勝弘（1983）「『大阪をあんじょうする会』論」『思想の科学』第377号。

小田康徳（1987）『都市公害の形成——近代大阪の成長と生活環境』世界思想社。

傘木宏夫（1995）「公害地域の再生」『環境と公害』第25巻第2号。

巨大ゴミの島に反対する連絡会編（1990）『ゴミ問題の焦点——フェニックス計画を撃つ！（増補版）』緑風出版。

黒田隆幸（1996a）『都市産業公害の原点・西淀川公害』同友館。

黒田隆幸（1996b）『産業公害の終着点・産業廃棄物』同友館。

公害地域再生センター（1998）『あおぞら財団　年次報告書 Vol. 1』。

小山仁示（1988）『西淀川公害——大気汚染の被害と歴史』東方出版。

篠原義仁（2002）『自動車排ガス汚染とのたたかい』新日本出版社。

庄司光・宮本憲一（1964）『恐るべき公害』岩波新書。

高田昇（1980）「大阪をあんじょうする市民運動——斜陽都市にさせないエネルギー」『エコノミスト』第58巻第14号。
永井進・寺西俊一・除本理史編著（2002）『環境再生——川崎から公害地域の再生を考える』有斐閣。
中村剛治郎（2004）『地域政治経済学』有斐閣。
西淀川公害患者と家族の会編（2008）『西淀川公害を語る——公害と闘い環境再生をめざして』本の泉社。
西淀川公害訴訟原告団・弁護団（1998）『西淀川公害裁判　全面解決へのあゆみ』。
西淀川公害訴訟原告団・弁護団監修，新島洋著（2000）『青い空の記憶——大気汚染とたたかった人びとの物語』教育史料出版会。
長谷川公一（2003）『環境運動と新しい公共圏——環境社会学のパースペクティブ』有斐閣。
水口憲人（1975）「過密地における政治参加——大阪大都市圏を例として」日本政治学会編『政治参加の理論と現実』（年報政治学1974）岩波書店。
宮本憲一（1967）『社会資本論』有斐閣（改訂版，1976）。
宮本憲一（1970）「現代資本主義と貧困問題」宮崎義一・玉井竜象・赤羽裕・西川潤・宮本憲一『現代資本主義論』筑摩書房。
宮本憲一（1972）「判決と現実のギャップをどうするのか——証人としての感想」『ジュリスト』第514号（宮本，1973所収）。
宮本憲一（1973）『地域開発はこれでよいか』岩波新書。
宮本憲一（1977）「今後の課題」宮本憲一編『公害都市の再生・水俣』筑摩書房。
宮本憲一（1980）『都市経済論——共同生活条件の政治経済学』筑摩書房。
宮本憲一（1981）『現代資本主義と国家』岩波書店。
宮本憲一（1987）『日本の環境政策』大月書店。
宮本憲一（1989）『環境経済学』岩波書店（新版，2007）。
宮本憲一（1996）『環境と自治——私の戦後ノート』岩波書店。
宮本憲一（1999a）「『環境の世紀』の公共政策」『環境と公害』第28巻第3号。
宮本憲一（1999b）『都市政策の思想と現実』有斐閣。
宮本憲一監修，遠藤宏一・岡田知弘・除本理史編著（2008）『環境再生のまちづくり——四日市から考える政策提言』ミネルヴァ書房。
宗田好史・北元敏夫・神吉紀世子・あおぞら財団編著（2000）『都市に自然をとりもどす——市民参加ですすめる環境再生のまちづくり』学芸出版社。
「森脇君雄さん，豊田誠さんの古希を祝う会」実行委員会編（2005）『森脇君雄さん，豊田誠さんの古希を祝う会』。
山岸麻耶（1986）「大阪をあんじょうする運動の記録」『環境文化』第69号。
除本理史（2009）「環境再生のまちづくりと費用負担」『東京経大学会誌』第263号。

除本理史（2010）「工業専用地域指定反対運動から『まちづくり』へ」除本理史・尾崎寛直・入江智恵子・林美帆『西淀川公害と「環境再生のまちづくり」』東京経済大学学術研究センター　ワーキング・ペーパー・シリーズ 2010-E-01。
淀協史編纂委員会編（1981）『淀協のあゆみ』淀川勤労者厚生協会。
Negri, Antonio (2006) *Goodbye Mr. Socialism.*（= 2008，廣瀬純訳『未来派左翼――グローバル民主主義の可能性をさぐる』上・下，NHK ブックス。）

第2章

地域医療からとらえる西淀川公害
――「医療の社会化」運動から公害問題へ――

尾崎寛直

　西淀川の公害反対運動は，長年の反公害の闘いや裁判闘争をくぐり抜け，新たな段階の課題として先駆的に「環境再生のまちづくり」を提起するにいたっている（第1章）。もちろんいまもなお大気汚染はかたちを変えて存在し，健康被害を受けた多数の呼吸器疾患の患者が日々病気の苦しみと付き合い続けていることは明らかにされているが（あおぞらプロジェクト大阪, 2010），とはいえ運動の成果により，西淀川はじめ大阪の大気汚染公害の現状は，かつて1960年代の公害激甚期のような切迫した状況ではなくなっている。[1]

　こうした住民の生活を脅かす公害問題を告発し，健康被害の補償と予防を求める継続的な運動によって今日，「環境再生」を語れる状況が生まれたわけであるが，運動が展開する重要な契機として，健康被害を受けた当事者である公害病患者による被害者運動が，西淀川で組織化されたことを挙げることができる。しかしながら，重い病気を背負った患者が主体的に運動を組織し，科学的根拠をもって公害による被害の実態を訴えることは容易ではない。

　そのような困難な状況に手を差し伸べ，協働しながら被害者運動の組織化に大きな役割を果たしたのが，西淀川の地域医療にかかわる医療者だったという事実はもっと記憶されてよい。医療者らが西淀川の医師会をあげて，公害問題への対処をも地域医療の課題に取り込むことができた土壌は，いかにして生まれたのか。その要因を明らかにするためには，少し時代を

さかのぼって，医療そのものがどのようなかたちで一般大衆のものになっていったのかという経過から見ていく必要がある。

ここで戦前・戦後の医療史を紐解く上で鍵となるのが，「医療の社会化」[(2)]という概念で表象される課題である。第1節で詳述するように，「医療の社会化」運動は，戦争協力体制に組み込まれていた医療の民主化を求め，医療保険制度の導入と拡充を進めるなど，生活困窮と病気との負の連鎖に陥りかねない一般大衆の医療アクセスの保障をめざした。地域医療はこのベースの上に始まったといって過言ではない。地域医療は，多くの場合，保健予防や病気の早期発見を重視しながら，個々人はもとより地域全体（生活圏）の健康増進を視野に入れた，ある種「まちづくり」の観点から取り組みが始まっている。そのため，特定の富者だけでなく住民全体が医療にアクセスできるようにする「医療の社会化」は，地域医療の必要条件だといってよい。

そこで本章では，まず第1節において，医療の中における地域医療の位置を確認し，地域医療の展開のあり方について農村部と都市部のケースをもとに考える。また，その前提となる「医療の社会化」が一般大衆に波及していく過程を医療史の面から見ていく。次に第2節において，戦前・戦後の「医療の社会化」運動の展開を大阪および西淀川を中心に検討した上で，その運動で培われた土壌が，公害問題の発生をどのように受けとめたのかについて見ていく。第3節では，公害問題に対処する地域医療活動の旗振り役となった西淀川の医師会の動きに注目して，なぜそのような独特の地域医療が成立したのかという背景を考える。最後に第4節では，本章の内容を要約しつつ，西淀川の経験が現代に伝える教訓を提示したい。

1 「医療の社会化」と地域医療の生成

(1) 現代の医療と「地域医療」への注目

　今日，先進国とされる国々のほとんどでは，医療は人々にとってきわめて身近な社会サービスとなっている。たとえば日本では，公的医療保険制度が津々浦々に普及しており，保険証があれば診療所から大学病院まで，全国どこの保険医療機関でも必要に応じて医療サービスの提供を受けることができるなど，医療アクセスの充実度では世界最高水準を誇っている。いまや医療は，安全・安心な社会づくりにとって不可欠な制度資本であり，社会の構成員にとっての「社会的共通資本」(宇沢，2000) といってよい。その意味において「医療の社会化」は，制度的にはほぼ全国民的に保障されてきたというのが現状である。

　一方，急激な高齢社会化にともなう老人医療費の増加が医療財政を圧迫してくるなかで，1990年代後半以降，医療保険制度の構造改革や診療報酬体系の改革など，医療費抑制政策が次々と押し進められ，日本の医療は大きな転換を迫られてきた。いわゆる「キュア（治療）からケアへ」「病院中心から在宅中心の医療へ」というパラダイム・シフトである[3]。

　こうしたシフトの意味は，単に医療費を抑制するというだけでなく，高度に専門分化して病気の治療にのみ特化し，患者の生活を見ない現代医療そのものの問い直しでもある。その方向性は奇しくも，地域医療が人々の生活に密着しながら重視してきた視点と符合するものである。その視点にもとづく医療のあり方とは，「全人的医療」——病気だけを診るのではなく患者の生活をその環境も含めて丸ごととらえる包括的ケア——とも表現できる。このように地域医療の視点や発想が，ついに医療界のメインストリームに躍り出てきた状況といえよう。

（2）地域医療とは何か

　ここで，地域医療の定義をしておきたい。地域医療という概念は，1950年代中頃から一部で使われるようになり，1970年代になって急速に浸透してきたものである。当初，地域医療の言葉は国民健康保険診療施設（国保直診）の医師らの間で使われ始めた。そして，彼らの研修会が1958年に「地域医療研究会」と改められ，1961年10月に結成された「国民健康保険診療施設医学会」が機関紙『地域医療』を発行し始めた（1963年～）ことなどが，地域医療の概念が広く浸透する契機になったとされる（吉澤，1987，54頁）。当時アメリカで提唱された"Community Medicine"という医療概念の邦訳として「地域医療」が用いられるようになった。

　地域医療の定義は，実際には多様であり，時代や社会の背景によって変化しうるだけでなく，論者の立場等によっても隔たりがある（青山，1984，2頁）。たとえば日本医師会は，「医療」の概念が単に臨床的な診療行為にとどまらず，広く保健予防，健康増進，疾病の早期発見，更生医療，社会復帰までを含む「包括医療」の概念まで拡大深化されたことを1962年の『国民健康保険読本』において提唱した上で，1969年に発表した「医療総合対策」において，「一般に包括医療を地域に社会的に適応して実践することを地域医療と呼ぶ」と定義している。また，同時期に日本医師会のブレーンといわれた勝沼晴雄・東大教授は，「臨床と公衆衛生との融合形態」と簡潔に地域医療を定義している（吉澤，1987，47-49頁）。

　地域医療の考え方が徐々に浸透していくなかで，高度に専門分化した大学病院での勤務から過疎地などでの地域医療に飛び込む医師も出てきた。医師の宮原（1994）は，高知県・西土佐村での地域医療の現場において，「医療の本質」を再確認している。すなわち，大学病院や大病院では患者の生活が見えにくく，「生活者」たる患者ではなく「臓器」中心になりがちだとして，「医療が心ある人間を相手とするならば，人間そのものが理解できなくてはならないし，人間生活まるごとが見えなくてはならない」

「住民生活の中にすっぽりつからなくては，ほんものはありえない」（宮原，1994，19頁）と指摘する。

また，へき地医療を実践してきた医師らによって構成される地域医療振興協会では，「地域医療とは，住民，行政，医療人が一体となって，担当する地域の限られた医療資源を最大限に活用し，保健医療福祉の包括的なサービスを，継続的に計画，実践，評価するマネジメントプロセス」と定義しており（地域医療振興協会編，2011，137頁），こうしたあり方を指して「医療の原点は，地域医療にある」と主張している。

以上のような見解を総合すると，地域医療は，医師がヒエラルキーのトップに立った医師中心の診療・治療行為や，「臓器を見て人を見ず」と揶揄されるように高度に専門分化して患者の生活が見えなくなった臨床医学とは，正反対の位置にある。とくに生活環境あるいは労働環境が要因となって惹起されうる疾病の場合，対症療法的に個々人の疾病だけを診るのではなく，患者の生活環境（労働環境）と疾病との関係も視野に入れて根本原因を改善しなければ健康回復にはつながらない。こうした公衆衛生学の得意とする保健予防の観点も総動員する必要があるのが，地域医療の特色である。一言で理念化していえば，地域医療とは住民の生活に密着した「全人的医療」を通じて，地域全体（生活圏）を視野に入れた健康増進をめざす医療のあり方である。本稿ではさしあたり，このような意味で地域医療をとらえておく。

（3）農村部における地域医療

地域医療の多くは，無医村を抱えるへき地や農村などで実践されてきた。こうした農村部の地域医療としては，とりわけ岩手県の旧沢内村，長野県の旧八千穂村の事例が有名であり，どちらも1960年前後から村ぐるみの健康管理を行ってきたという大きな特徴を有している。1960年代初め，乳児死亡率が全国一高かった岩手県の中でも奥地の沢内村（現・西和賀町）

は，独自の保健医療体制と乳児および老人の医療費無料化を国に先駆けて実施し，結果として乳児死亡ゼロを達成するとともに，老人医療費も低く抑えられたという成功事例で注目された。後者の八千穂村（現・佐久穂町）に関しては，農村医学の第一人者，若月俊一院長率いる佐久病院（現・JA長野厚生連佐久総合病院）が中心になって，村とともに全村健康管理を進めたことで知られている。ここでは若月医師らの取り組みに着目しておきたい。

　八千穂村が村ぐるみの健康管理に乗り出したきっかけは，当時の国民健康保険（国保）の市町村による一時立て替えの赤字が累積してきたことにあるが，貧しい農民が「受診抑制」をして手遅れになるという事態を防止するため，村は佐久病院の援助を受けて「病人をつくらない」ための予防活動に重点を置くことにした（松島ほか，2011）。こうした病気を未然に防ぐ活動を続けた結果，八千穂村の一人あたりの医療費は，周辺の町村と比べても圧倒的に低くとも——全国的に見ても，長野県は一人あたり医療費が全国でもっとも低い——多くの住民が健康を維持することが可能となったとされている。その仕掛け役だった若月俊一医師は，農村であった長野県旧臼田町の佐久病院に来たとき（1945年）の目標を次のように述べる。

　　ここの農村に来て一番の狙いは〔中略〕農村を民主化しようと思った。私がやろうと思ったのは医療の民主化ということです。では，医療の民主化とは一体何だというと，結局，人間はいつでも，どこでも，誰でもが医者にかかれる，病気を治せる，そういうシステムを作ることがデモクラチゼーションです。医療をそういうふうにやりたい，そのために一所懸命働くんだと思いました。（若月，2010，27頁）

国民皆保険も整っていない当時，住民自身が病気になっても医者にかか

らない(かかれない),実際医者に診てもらうのは瀕死の重症になってから(あるいはまさに死亡確認のため),というのが農村の置かれた一般的な状況であった。ここで若月医師のいう医療の民主化とは「医療の社会化」といいかえても齟齬はないと思われるが,病気になっても医療アクセスを得られず,仕事に支障を来して貧困の連鎖が続く状況を変えたいという思いが表現されている。若月医師らによって取り組まれた,住民の生活に密着しながら病気の予防に着目した医療活動は,「医療の社会化」と並行して進められた農村部における地域医療の重要なモデルケースであろう(若月,1971)。

(4) 都市における地域医療の課題——西淀川をモデルに

次に,都市部で展開される地域医療にはどのような特徴があるのか考える。もちろん先述のように,地域医療の定義は時代や社会の背景によって変化しうるし,医療を行う場所によっても異なってくる。ここでは大阪・西淀川をモデルケースに,都市における地域医療を考えてみる。

戦前・戦後の西淀川には臨海部に重化学工業の工場群があり,住宅地近傍にも町工場が数多く存在し,住民層も区内の工場に勤める労働者と家族が多くを占めた。当時の労働者家庭の生活は決して楽ではなく,「医療の社会化」が確立していない段階では,簡単に医療アクセスを得られる状態ではなかったといえる。そのため予防治療や健康診断も十分受けられず,結核や赤痢といった伝染病が広く蔓延していた。とくに結核の蔓延は著しく,大阪の罹患率は1954年,55年と全国の罹患率の1.9倍を記録するほどであり,結核の治療や予防など伝染病対策は医療活動の重点分野となっていた(大阪民医連30年誌編纂委員会編,1985,47頁)。

また,安全な労働環境や労働条件が十分整備されていなかったこの時代には,労働の現場で事故や職業病などの労働災害(労災)が頻発していたため,医療機関の診療においても労災問題には力を入れざるをえない状況

があった。このように工場地帯を擁する西淀川では，伝染病対策や労災問題，そして工場労働者等に対する健康診断活動（健診活動）への対応は，地域医療が日常的に取り組むべき課題だったのである。

このような土壌の上に，1950年代末から激甚な大気汚染公害が西淀川の住民を襲う事態が発生し，第3節で詳しく述べるように，これ以降西淀川においては地域医療活動として医師会をはじめとした医療者が大気汚染の健康影響調査に関わったり，健康被害を受けた患者の「掘り起こし」や組織化支援に積極的に行動を起こしてきた経緯がある。

こうしてみると，西淀川の地域医療は地域の特性上，生活や労働の環境に密着した疾病の治療や予防，検診活動にかなり多くの経験を積み重ねてきたということがわかる。逆に，こうした経験があったからこそ，西淀川の医療者が公害問題をも地域医療の課題としてとらえることができたのではないかと考えられる。また，公的病院のなかった西淀川では，開業医ら民間がこれらの医療活動を主体的に担っていったという事実には注目しておきたい（第3節で後述）。

（5）「医療の社会化」の医療史的背景

本章「はじめに」で述べたとおり，「医療の社会化」は地域医療の必要条件であり，この概念が表象するさまざまな課題が歴史的に乗り越えられていくなかで，地域医療が戦後花開いていくのである。そのため，ここで「医療の社会化」が日本の近代化の歴史的プロセスにおいてどのように実現していったのかを見ておくことが，地域医療が成立した基礎を理解するためにも重要である。

そもそも近代日本における「医療の社会化」は，実質的に医療保険の普及に過ぎず，開業医制を骨抜きにして医療費そのものを安くすること（低医療費政策）が狙いであったという指摘もある（川上，1965，70-72頁）。しかし，保険診療以前の自由診療にもとづく医療は「高嶺の花」であり，不十分

ながらも公的な医療保障制度がなければ医療アクセスを得られない「細民」（貧窮者）が都市や農村にあふれていたことは事実である。そのため，たとえば結核やその他の伝染病の蔓延は，当時の社会はもとより近代工場の現場にとっても大きな脅威となっており，政府も富国強兵・殖産興業を進める上では，まがりなりにも労働者の生活・衛生環境の改善などが社会政策として重要であることを自覚せざるを得ない状況があった[6]。1919年には結核予防法が公布され，医療保険については，「健康保険法」（1922年公布）がその嚆矢となった。

けれども健康保険法は，この段階では鉱山や工場など鉱工業の労働者等除いて，多くの国民には加入資格がなく，医療保険の受給者拡大は，1938年の国民健康保険法，翌39年の職員健康保険法，船員健康保険法の制定・公布を待たねばならなかった。

この間，公的な皆保険制度不在の穴を埋めるように，「医療の社会化」を目標に掲げ，医療アクセスの得られない貧困者の治療などの実践を進めたのが「無産者診療所」運動である。1930年1月には東京に大崎無産者診療所，翌31年2月には大阪に大阪無産者診療所が設立され，1937年までに6ヵ所の診療所が開かれるなど全国的に広がりを見せた[7]。だが，治安維持法の統制下で，徐々に官憲による迫害や閉鎖命令，医師会による保険医指定拒否などの妨害により，無産者診療所は次々と閉鎖に追い込まれ，1941年には新潟県を最後にすべての無産者診療所が姿を消した[8]（医学史研究会・川上武編，1969）。

結局，戦前・戦中期にまがりなりにも医療保険制度はかたちづくられ導入されたものの，医師の自由裁量が利いた自由診療制度と比べて，システム上の手間と負担が多い割に制度からの給付内容が貧弱であったため，保険診療自体を拒否する医師も少なくなかった。さらに戦時下における医薬品等物資供給の不足が，保険給付の形骸化を招いていた。敗戦後の混乱期には，医療に必要な薬品や資材はヤミ市で仕入れなければ手に入らない状

況であったため（もちろんそれらに医療保険の適用はされず），相変わらず自由診療を信奉して「保険制度の打破」をめざす医師会も出る状況であった。

　1947年以降，医療保険制度の改定により，国保は市町村の公営事業（保険給付については国庫による一部負担）と定められ，全国の自治体は争うように国保組合をつくり，国の補助金を受けて国保直診（診療所，病院）も次々と開設された[9]。そして，1958年の国民健康保険法改正により1960年代に国民皆保険制度が全国的に整備されるに至って，「医療の社会化」は制度的には保障されることになった[10]。

　「医療の社会化」は，一般大衆に医療の普及をもたらし，医学や医療技術等の進歩にも貢献することとなったが，他方で，さまざまな医療要求の拡大にともなって医療費の急激な増大をもたらした。そうした流れは，医師および医療界の専門分化，その結果としての高度化を急速に押し進め[11]，「全人的医療」からは遠ざかる方向へと「発展」し，保健・医療行為の中に人間性が欠如するといわれる事態をも招くことになった（青山，1984，8-9頁）。

　一方，創設された医療保険制度は，医師による診療・治療行為に重点を置いた点数評価で医業収入を差配する方向に傾斜したため，保健予防活動などは軽視され，実質的に無償奉仕を強いる結果となった。制度化された保険制度の給付内容は，実際には所管の厚生省（現・厚生労働省）やそれに多大な影響力を保持する日本医師会などの思惑に左右されがちであったといえる。1980年代後半にようやく医療保険制度の給付に位置づけられるようになるまで，訪問診療・訪問看護などの在宅医療や病気の保健予防活動は，地域医療を担う医療者らの半ば「持ち出し」で行われてきたのである。今日これらが医療保険制度のなかでさらに比重を増してきたのは，従来の医療のあり方への社会的な批判の反映でもあるだろう[12]。

2 戦後の「医療の社会化」運動と公害問題

(1)「医療の社会化」運動の再出発

あらためて戦前・戦後の「医療の社会化」運動の展開を，とくに大阪および西淀川に焦点を合わせて見ておこう。

戦前の「医療の社会化」運動は，政府の弾圧により一旦は停止を余儀なくされ，医師らの大半は軍医として戦時動員された。戦後，「医療の社会化」をめざす医療活動に関わってきた医療者らは，戦前・戦中期に無産者診療所への妨害や弾圧などを繰り返してきた官憲や医師会，医療制度などの「民主化」を掲げ，労働者や住民の要求にもとづく医療の構築に向けて活動を再開した。「医療の社会化」運動の再出発である。

1945年11月には，復員してきた軍医らを中心に，医師，薬剤師，看護婦・保健婦，医学生などが大阪市立防疫事務所（大阪市細工谷）に集まり，日本の医療の「民主的再建」について話し合ったとされる（全国保険医団体連合会編，1995，74頁）。その会合がもとになって1946年1月に結成されたのが「関西医療民主化同盟」（以下，同盟）である。同盟の設立総会で決定された綱領は次のように述べる。

　　吾々ハ新日本民衆ノ保健ト福祉ヲ目的トシ，ポツダム宣言ノ主旨ニ則リ一切ノ旧制度即チ軍国主義的，官僚主義的，利潤追求的医療制度ヲ打破シ医療界ヨリ一切ノ旧勢力即チ戦争犯罪ヲ一掃シ，真ニ明朗ナル民主主義的医療制度ノ確立，及医療ノ大衆化ヲ期ス

要するに，戦前・戦中期につくられた「軍国主義的，官僚主義的，利潤主義的」な旧制度および旧勢力を排して，医療の大衆化を実現する医療制度を構築しようということである。それに向けて同盟では同年，戦前から

旧態依然のまま放置されていた医療保険制度に関する論文を発表し，国庫負担の大幅増額による制度改善を主張した（全国保険医団体連合会編，1995，76頁；大阪民医連30年誌編纂委員会編，1985，30頁）。また，同盟の機関誌として，戦前大阪の無産者診療所の若手医師らによって発行されていた（のちに休刊に追い込まれた）『医療と社会』誌を再刊した。

　このように大阪では，戦後初期から同盟を中心に「医療の社会化」運動が再構築され，全国的な運動を牽引してきたという歴史がある。しかし，同盟内部でも職種の違い——たとえば開業医，勤務医，研究職のように医師の中でも違いがある——による要求の相違もあることから，それぞれ別組織をつくるべきとの話し合いがなされ，結果として次の3つの系統に分かれることになった。

　まず，1946年4月に勤務医の組織として「新日本医師連盟」（「新日本医師協会」の前身）が結成され，続いて1947年10月，開業医の組織として「大阪府保険医連盟」（「大阪府保険医協会」の前身）が結成された。そして1949年1月，同盟の指導者らが設立した病院・診療所を糾合して「大阪民主的病院診療所連合会」（「大阪民主医療機関連合会（大阪民医連）」の前身）が結成された。この連合会にはさらに兵庫・奈良・京都の医療機関が加わり，1950年1月には「関西民主的病院・診療所連合会」へと拡大し，1953年6月には「全日本民主医療機関連合会（全日本民医連）[13]」結成へとつながっている。かくして同盟は，職種の違いや独自の院所設立という理由から3つの系統の組織に分化して，発展的に解消していった。

　一方，旧勢力に関しては1947年10月，GHQ占領下での法律「医師会，歯科医師会及び日本医療団の解散等に関する法律」によって，日本の戦争体制に協力してきた旧医師会，全国の医師・医療機関の統制を行った「日本医療団」（1942年の国民医療法にもとづく）の解散が指令された[14]。これによって医師会は「新制医師会[15]」として生まれ変わることになったが，実態としては旧来の勢力が復活する地域もあり，そうした医師会では相変わらず

自由診療を信奉して,「医療の社会化」をめざして社会保障制度としての医療保険制度の確立を指向する医師やその集団を排斥する動きもあった。戦後の体制刷新後もなお一部ではこうした路線対立が継承していたのである。

(2) 保険診療をめぐる確執と国民皆保険制度の創設

　戦前来医療に関して強大な権力を有していた旧医師会が解体され,任意加入となって刷新されるなかで,開業医の拠り所となる保険医協会が医師会とは別組織として生まれたことは,「医療の社会化」にとって大きな意味をもつ。大阪府保険医連盟（1949年5月に大阪府保険医協会と改称）が掲げた規約では,①国民医療を守るため,完全な医療社会保険制度の確立,②保険医の経済的社会的安定を図る,と明確に述べられており,連盟を結成したメンバーらの中では戦後の日本において,「社会保障である健康保険制度を充実発展させ,医療を社会化して国民全部のものとする（国民皆保険）」考えが共有されていたことを示している（「大阪府保険医協会の歩み」編纂委員会編, 1984, 23-25頁；全国保険医団体連合会編, 1995, 81-82頁）。

　実際,そうした保険医協会が,保険診療を引き受ける開業保険医の職能向上と生活安定を目的に掲げて開業医に浸透していくことは,医師会にとっては脅威であったともいえる。そのため,1950年3月の日本医師会の代議員会では,大阪府医師会の会長名（井関健夫）で「保険医協会は医師会内組織たるべきこと」という建議書が提出され,保険医協会を医師会に取り込もうという動きも見られたほどである（保険医協会側が合併を拒否してまとまらず）。自由診療の伝統を引きずる医師会にとっては,保険制度の導入は医師の職業的自由を縛り,いわば医療にタガをはめようとする国・官僚の介入と映るものであった。そうしたなかで,保険診療を強力に推進する別組織が台頭してきたことは,医師会に大きなインパクトを与えたのであろう。

1947年以降，国保が市町村の公営事業に移行して急速に普及し始めるなかで，厚生省も昭和30年代には積極的に保険制度加入を医師らに推進するようになった。ところが，保険制度が一定程度浸透したところで，厚生省が財政難を理由に次々と診療報酬を引き下げるようになったため，保険医協会と医師会とが共闘して「健保改悪反対」，診療報酬増額を目指す運動を展開する場面も増えてきた。1955年12月には大阪府医師会が「健保改悪反対大阪府医師大会」(中之島中央公会堂)を開いて「保険医総辞退」[17]を含むあらゆる運動を行うことを宣言，翌56年2月には日本医師会代議員会が「健保改悪」に反対して「保険医総辞退」を決議した(淀協史編纂委員会編，1981，74頁)。

こうした医師会，保険医協会，そして労働組合(総評)などが共闘した「健保改悪反対闘争」[18]の経過のなかで，大阪・西淀川では保険医協会と西淀川区医師会(以下，区医師会と略すことがある)が「表裏一体」の組織展開をすることがあったとされており，実際，区医師会員の「全員」が保険医協会に加入していた時期すらあったという[19]。西淀川の開業医をはじめとした医師らに「医療の社会化」の意義が浸透していた様子がうかがえる。

国民皆保険創設を定めた1958年12月の改正国民健康保険法成立以降，保険診療は急速に全国的に浸透していき，日本医師会も「保険医総辞退」の戦術をとりづらくなる状況が生まれていった。同法改正により，保険者として皆保険体制創設を迫られるかたちとなった各市町村は，その中身を具体化する作業に取りかかった。1961年度からの国保実施に向けて，淀協史編纂委員会編(1981)が「もっとも激烈に闘われたのは，1959年から61年にかけての大阪市国民健康保険実施に対する改善闘争でした」(71頁)と述べるように，大阪市が国保条例によって定める内容は，住民はもとより医療機関にとっても重大関心事であった。

とりわけ国保の対象者は，既存の社会保険(健康保険)を享受している「サラリーマン」[20]ではない人々(自営業者，一人親方・日雇いなどの労働者，失

業者,老人など)である。なかでも当時中小零細の町工場が多かった西淀川区では,国保の内容改善は多くの住民にとって「医療の社会化」の実質化を左右する話であったといえる。

この「国保改善闘争」のなかでは,保険医協会と医師会のみならず大阪の民医連も要求をほぼ統一して共同歩調をとる「共闘」が成立したという(淀協史編纂委員会編,1981,93-94頁)。最終的には名古屋市議会の水準に横並びになったとはいえ,大阪の国保は当時最高水準の「本人8割・家族5割」の給付割合を実現したほか,低所得者に対する保険料の減免も実現している(沓脱,1982)[21]。大阪市の国保制度創設の過程で3団体の連携が図られた背景には,結局,保険診療を引き受ける医療機関のレベルで考えれば,患者の受診拡大が見込まれる給付割合拡充という目標では一致しうるという事情もあったと思われる[22]。

(3) 大阪・西淀川における「医療の社会化」運動の展開

西淀川において,同盟が協力して最初に地域の労働組合などと取り組んだのが「西淀病院」(正式名称は西淀川労働会館附属西淀病院)の設立運動である。これは戦前に圧殺された無産者診療所に代わって,医療者と労働者(住民)が連携して設立(1947年2月)した日本最初の「労働者の病院」[23]といわれる(桑原,2009:淀協史編纂委員会編,1981)。そうした呼称がなされるのは,この病院が,戦時中国家総動員体制を推進し戦後解散させられた旧「西淀川産業報国会」の建物や診療設備などの財産を引き継ぎ開設したものであり,運営を担ったのが労働者団体(西淀川労働組合協議会)と資本家団体(西淀川工業会)の同数理事による「財団法人西淀川産業協会」だからである(大阪民医連30年史編纂委員会,1985)[24]。「西淀川産業協会」は1961年,「財団法人淀川勤労者厚生協会」(以下,淀協)へと改組し,淀協は主に西淀川区内で病院・診療所等を展開する民医連に属する法人として今日に至っている。

このように，労働者のまちであった西淀川での「医療の社会化」運動は，労働者（住民）自らが院所建設にかかわり，資金集めをはじめ病院・診療所の経営を下支えするというかたちで展開していった。その際母体となったのが，工場に勤める労働者やその家族らによって結成された「健康を守る」自主組織である。西淀川区の柏里・花川町地域において「柏花健康を守る会」が結成（1949年10月）されたのを皮切りに，1950年には姫島地区で「姫島健康を守る会」が，1957年には御幣島・佃・大和田地区を地盤に「西淀生活と健康を守る会」が結成されるなど，全国で初めて「生活と健康を守る会」（以下，生健会）という組織が西淀川区内で結成された[25]。この組織は，住民自身が健康づくりをめざし，医療制度など社会保障の充実を求める運動やまちづくりにかかわるほか，居住地域の近くに「親切で，気軽に診てもらえる良い医療」[26]を提供する診療所を建設する運動を展開する，などの目的を掲げた。

こうした生健会が中心的母体となって，会員住民などが建設資金を出資して自らの健康を守るための病院・診療所を設立する動きは，西淀川を発祥として大阪全域に，その後も各地に展開していった（全日本民主医療機関連合会編，1983，42-43頁）。その背景には，前述のとおり，自由診療のもとで金銭的に医療アクセスを得ることが難しかった，多くの労働者家庭などの存在があった。

組織が拡大していくなかで，生健会はさまざまな住民の要求を取り込むこととなった。1970年4月には，西淀・姫島・柏花・大和田の生健会が統一して，「西淀川生活と健康を守る会」となり，独自に専従職員を雇用できるようになって民医連からも財政的に自立したとされている[27]。とはいえ，淀協史編纂委員会編（1981）が「協会の歴史をふり返るとき，西淀川生活と健康を守る会（以下，守る会）をぬきに語ることはできません。協会の医療活動の多くは守る会と一体となって取り組まれ，その意味で協会の歩みをたどることは守る会の歴史をひもとくことである」（82-83頁）と述

第2章 地域医療からとらえる西淀川公害

表2-1 西淀川の地域医療と公害にかかわる略年表

年　月	主な事柄
1946年1月	「関西医療民主化同盟」創立。
1947年2月	「西淀川労働会館附属西淀病院」開設（3月，財団法人西淀川産業協会設立。1961年2月に「財団法人淀川勤労者厚生協会」（淀協）へと改組）。
1949年10月	「柏花健康を守る会」結成。地域住民が自ら健康を守る運動組織として全国初。同年11月，「柏花診療所」を開設。以後，姫島，大和田などで同様の動き。
1958年12月	国民健康保険法（新法）公布。
1959年7月	「西淀川健康を守る会協議会」結成（のちに各地区の「健康を守る会」が統一して，1970年4月，「西淀川生活と健康を守る会」結成。）
この頃から大気汚染が深刻になる。1962年，煤煙規制法により大阪市などが指定地域に。	
1964年（月不明）	大阪製鋼の「赤い煙」問題発生。姫島健康を守る会が住民とともに会社に抗議，交渉行う。
1969年10月	「千北病院」開設。西淀川区医師会指定公害被害者検査センターを院内に設置（翌年2月から業務開始）。
1969年12月	「公害に係る健康被害の救済に関する特別措置法」公布，西淀川区が第一種公害地域に指定される。
1970年8月	「永大石油の公害をなくす会」が発展的解消，「西淀川から公害をなくす市民の会」発足。
1972年10月	「西淀川公害患者と家族の会」結成。

(出所) 「大阪府保険医協会の歩み」編纂委員会編（1984）593頁以下表，大阪民医連30年史編纂委員会（1985）245頁以下表，淀協史編纂委員会編（1981）243頁以下表，より作成。

べるように，生健会は，西淀川の地域医療の一角を担った民医連・淀協を住民の立場から支えてきたことは間違いない。

（4）公害問題と被害の「可視化」

　西淀川では，戦後いち早く「医療の社会化」の取り組みが進展したが，その住民らは1950年代後半から本格化した激甚な大気汚染の公害問題を[28]どう受け止めたのであろうか。

1959年頃から大阪府議会，大阪市議会でも公害論議が交わされるようになり，1961年3月の市議会では西淀川区選出の沓脱タケ子議員（医師，元姫島診療所所長）が西淀川の大気汚染問題で市当局を厳しく追及している（小山，1988, 158-167頁）。高度経済成長のこの時期，「工場の煙は繁栄の象徴」「煙の都」という公害を必要悪として黙認する社会意識は，大阪市当局を含め蔓延していたと考えられるが，地理的に西淀川は，工業地帯の大気汚染の影響を集中的に引き受けさせられる位置関係にあった。そのため生活上の支障を被る住民の立場から公害反対を唱える動きは，この頃から始まってくるものの，この段階では「健康被害」を訴え，補償や被害の防止を求める組織的な「被害者運動」が台頭することはなかった。1960年代においてもなお，公害問題の解決に向けて行動する住民組織が未成熟であったことは，片岡（2000）も指摘している。実際，1969年に大阪弁護士会・公害対策委員会が，西淀川地域の公害問題を取り上げて住民ヒアリングを検討しながらも実施されなかったということがあり，これは公害反対運動を担える住民運動が十分に育っていなかったからではないかと推察されている（片岡，2000, 259-260頁）。

「医療の社会化」運動の蓄積があったにもかかわらず，健康被害を自覚する当事者による被害者運動が容易に進んでいかなかったというのは，西淀川における公害の特殊な構造も影響しているとも考えられる。そもそも町工場の多い住工近接の生活環境があり，大気汚染の主要な発生源は区外の，此花区や隣接の尼崎市にある電力会社や重化学の大工場であるという，いわば「もらい公害」の状況の下で，医療者の協力なしには住民が被害を「可視化」して社会問題化するのは困難であっただろう。

西淀川では，後述のように区医師会はじめ地元の開業医らが積極的に公害被害の可視化に尽力してきた結果，大阪市の公害対策審議会の報告（1969年7月）においても，西淀川区が他の地区と比べても，汚染度に比して「公害病患者」の数がとびぬけて多いと指摘されている（小山，1988,

202頁)。「患者の発見率」の高さという事実は、日常的に患者と接する地元の医師らがその経験や感覚にもとづいて、公害と健康被害(公害病)との因果関係を敏感に察知したことの反映だと考えられる。

そうしたなかで、被害者としての自覚を喚起し、被害者運動の興隆の重要な契機となったのは、医療保険制度を準用した健康障害者に対する救済制度の創設であろう。「公害に係る健康被害の救済に関する特別措置法」(1969年制定。以下、救済法)、「公害健康被害補償法」(1973年制定。以下、公健法)のように、大気汚染公害と病気との因果関係を前提とした公害病の認定制度がつくられ、公式に認められた「被害者」が誕生したのである。公害病患者を被害者として処遇する制度のインパクトは大きく、公害病患者らが表に立って被害者運動を牽引していく原動力になったといってよい。ただし、次節で述べるように、被害者の組織化に際しては、西淀川区医師会の物心両面での協力が大きな後押しになったことは間違いない。

このように、公害被害の可視化が前提となって認定制度が生まれ、公害病患者が表に立った運動が展開していくことになったが、区医師会はじめ地元の開業医らがなぜそれほど積極的に地域医療活動として公害問題に取り組むことができたのか、次節で考えていく。

3 西淀川における医師会と公害問題とのかかわり

(1) 新制西淀川区医師会とそのリーダー

区医師会は、1943年に大阪市22区制が発足し西淀川区域が確定したことを受けて、大阪府医師会西淀川支部というかたちでスタートしたが、戦後、旧医師会からの近代化・民主化を掲げて1948年6月に新制西淀川区医師会として再出発した経緯がある(大阪都市協会編、1996、198-199頁；西淀川区医師会四十年史編纂委員会、1988、5-8頁)。すでに述べたように、西淀川では区医師会が保険医協会とも親和的であり、「医療の社会化」運動の意

義を会員らが強く認識していたものと考えられるが，その背景のひとつには，戦前から戦後にかけて医科大学の運営・医学教育に対する民主化要求や「社会医学研究会」の活動などにかかわってきた医師・医学生らが，戦後の西淀川の医療界でリーダー的役割を果たしてきたことも挙げられる。

そのような区医師会の戦後史において傑出した存在感を示したのが，公害激甚期（1960～70年代）に長期にわたり区医師会会長を務めた故・那須力医師（那須医院院長）である。那須医師は，大阪医科大学在学中に学園民主化闘争を経験し，戦後の医師会と保険医協会の双方に多大な影響を及ぼした人物である（区医師会会長在任期間は，第1期1959～64年度，第2期1969～79年度）。また，「医師会は地域医療活動に精力を傾けるべき」を口癖に公害問題にも積極的に取り組んできた。その意味で那須医師の当時の認識と動きをとらえることが，西淀川の公害問題と区医師会のかかわりを考える導きの糸となろう。

以下では，那須医師の西淀川公害裁判での証言（『西淀川大気汚染公害裁判証人調書』1981年5月22日，第16回口頭弁論速記録）をもとに考える。

（2）西淀川における開業医の「使命感」と公害問題

まず，区医師会および地元会員の開業医らが地域住民に密着した医療活動を展開せざるをえない社会的状況にあったことを，那須医師は次のように説明している。

> 西淀川の医師会というのは，よそと変わった，よそからも特殊な医師会として見られております。ということは，西淀川には約100近い診療所，会員約〇〇おるんですけれども，この医療機関というのはすべて私的医療機関である。西淀川には保健所が公的な行政の末端として一つあるだけで，あとは一つも公的医療機関というものがございません。したがいまして，西淀川の医師会の会員並びに医師会の会員が経営するとこ

ろの病院,診療所というものばっかりで占められておりまして,西淀川の医師会というのは,そういうような立場からすれば,区民の健康を守らなければならない必然的な使命を帯びている。公的医療機関の力を借らずに[ママ],自分らで処理していかなきゃならんという特異な使命を西淀川の医師会は持っておるという特殊性がございます。したがいまして,地域住民とは,もう医師会は常に密着した地域医療活動をやるということを考えておりまして,終戦後,とくにそうでございます。私が会長になりまして,その点についてはもう万全の策を講じたというつもりで,約20年近く,医師会長という形でおります。正味16,7年やっておりますので,もっぱらその地域医療ということを重点にやっております。〔中略〕医師会としては,過去14,5年の間,とくに〔昭和〕44年,私が会長になりました以後は,私はもっぱら公害だけで,実際やってきたというふうな感じであります。

那須医師の証言にあるように,西淀川区には保健所以外の公的医療機関がなかったため,地元の医師らは「区民の健康を守らなければならない」という「使命」を帯びていた。その「使命感」の延長上に公害問題の発生があり,公害問題への対処が西淀川の地域医療の課題として生起してくる。その理由を那須医師は次のように述べている。

西淀川区医師会の特性からして,我々医師会が,医師集団が患者のためにどうしてもこれだけはやらなんだら地域にはおられへん。これをやってあげないかんのやという,そういう医師会としての使命感から,とくに私は会長その他をやっておりますので,とくに第二次以後〔二期目の会長任期〕の医師会活動の重点は,すべて公害に私は向けて,医師会の仕事もそこに重点を置いてやっておると,そういうことでございます。〔中略〕医師としてやらなければならない立場に追い込まれたというこ

第 I 部　公害問題と地域社会

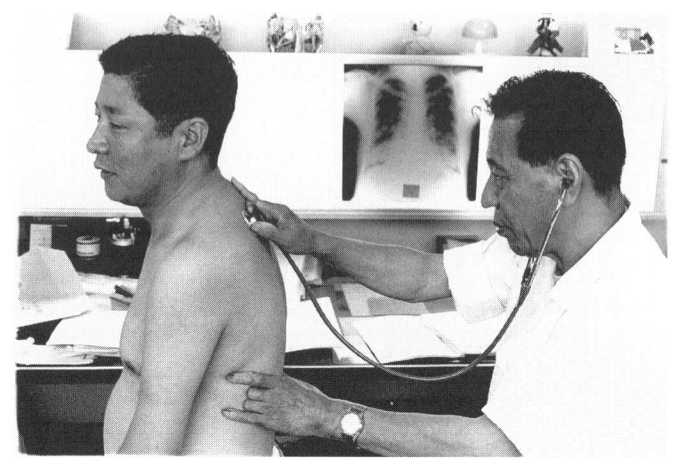

写真 2-1　公害病患者の診察風景（1970年代前半）
内科，小児科の院所には公害病患者が頻繁に診察に訪れた。

と。現場における医者として，私は昭和 8 年以来，開業医一本でやってきております。だから地域の住民のことに密着しましたら，どうしても開業医として患者さんを目の前に置いてやらなければならんということ，そしてそういう医師ばかり寄っている医師集団の医師会としては，やっぱりこれ〔公害問題への対処〕を追求しなければならんという立場に追い込まれてきているわけです。やりたくてやってきているんでなしに，やらざるを得ない立場に我々は追い込まれたから，やってきたわけです。前提はあくまでも患者さんの被害にあると思います。それなしに，我々は馬力出なかったと思います。

〔中略〕やっぱり，患者の発見の努力というものの態勢と，医者の意識と患者の意識と，この三つが総合的に相乗作用によって西淀川における患者の発見率（につながっている）。しかも治癒率も割合によろしいんです。

証言にある昭和 44（1969）年，那須医師が二期目の会長になった頃は，

まさに西淀川における大気汚染公害の激甚期であり，地域に責任をもつ医師集団として，彼らは否応なく公害病患者の健康被害に向き合わざるをえなかった。しかし彼らが熱心に活動に取り組んだ結果として，西淀川では「患者の発見率」が高く治癒率もよかったとされている。

　また，那須医師は上記証言のなかで，公害と健康被害との因果関係について，教科書的な「科学的（医学的）立証」に固執するのではなく，自らの「第一線開業医としての体験」と「五感体験」による診断を重視すると述べている。つまり，公害の最前線で患者と同じ空気を吸い，日々患者と接して体調の変化を疑い，生活のあり方を斟酌しながら病気とその要因を診断するという，地域医療に携わる医師としての自負が込められていると解することができる。彼の姿勢はまさに患者の生活が営まれる地域を臨床の現場と考える立場に貫かれており，高度に専門分化して患者の生活が見えなくなった臨床医学とは大きく異なるものである。

　那須会長の一期目最終年の1964年から5年間にわたって，厚生省の大気汚染健康調査が西淀川で実施されることになったが，この調査は区医師会の全面協力によって実施された。その結果を受け，1969年12月に公布された救済法にもとづいて，西淀川区全域は翌70年2月1日付で川崎市，四日市の一部とともに第一号の公害地域指定を受けることになり，認定された「公害病患者」には医療費の給付がなされるようになった。その後も区医師会は，「西淀川区大気汚染緊急対策大綱」にもとづき西淀川保健所内に設置された「公害特別機動隊」と区内の大気汚染防止についてたびたび協議を行ったほか，1970年9月には「公害に関する西淀川区医師会の基本的態度」を採択し，地域住民の側に立って公害と闘う姿勢を示す声明を発表した（西淀川区医師会四十年史編纂委員会，1988，52頁）。同年10月には，川崎，四日市，尼崎の3医師会と連名して，加害者負担による公害被害者の救済を労災補償の例にならって実施するよう，佐藤栄作首相に要望書の提出を行っている。このように，西淀川の医療者が医師会を挙げて公害被

害の可視化や公害医療に積極的に取り組んだというのは，都市における地域医療のひとつの金字塔といえるかもしれない。

（3）公害被害者検査センター建設と公害病患者の組織化

　救済法の地域指定にもとづき，公害病患者の認定申請などにかかわる医学的検査を実施する公害被害者検査センター（以下，検査センター）が緊急に必要となったが，公的医療機関がなかった西淀川区では，検査センターを区内に新たに確保するのは難しいと思われていた。そこで区医師会会長の那須医師が示したアイデアは，淀協が公害病患者の多発した西淀川区大和田に新たに建設を進めていた「千北病院」の3階を区医師会が借り上げて，検査センターにしてしまうということであった。そのアイデアには，検査センターの設備備品も人員もさしあたり淀協の負担で千北病院のものを利用することができる上に，検査を行った点数は区医師会に医療報酬として入るという区医師会として一挙両得のメリットを含んでいた。

　このように那須会長が会員を納得させる理屈付けをせねばならなかった理由は，千北病院の建設自体が区医師会内で物議を醸した案件だったからである。千北病院は区内ではまだめずらしかった冷暖房付きの比較的大きな病院であり，淀協（民医連）にすべて患者を奪われてしまうのではないかと危惧する会員（開業医）らの反発を招いた。このことは会員らによって建設反対決議を求める区医師会総会開催請求へと発展し，議題を「大和田地区千北病院建設の件」とした臨時総会（1969年2月13日）では大いに議論が紛糾した。この混乱の収拾を会長として託された那須医師が出した「奇策」が，前述の検査センターを抱き合わせにする提案であった。

　最終的に会長の提案が通り，検査センターをセットにすることで千北病院の建設にゴーサインが出た。しかし案の定，会員らが予想したように，検査センターができたことも影響して千北病院の患者数は16倍増，淀協全体の公害患者の受付も区内の50.4％に上り，淀協の1970年の経営実績

第**2**章　地域医療からとらえる西淀川公害

写真 2-2　千北病院に設置された公害被害者検査センター

が「特に公害病センターとしての千北病院の役割」を高く評価する結果となった（淀協史編纂委員会編，1981，155-156頁）。当時経営難に陥っていた淀協の経営再建にとっても、千北病院に検査センターを置いたことは大きな意味をもったのである。もともと大和田地区は公害激甚地、公害病の患者が多発した地域であり、確実に千北病院は公害病患者が広く集まってくる拠点となっていった。

当時、淀協職員として千北病院で患者確保に奔走した森脇君雄氏（のちの「西淀川公害患者と家族の会」会長）らは、検査センターに集まってくる公害病患者を見て、「『この人たちを組織せなあかんなあ』と田中先生〔田中千代恵・検査技師〕とも話し合っとった」という。結果的には、ここの場から公害病患者を組織化して被害者団体をつくろうという気運が高まってきたのであるが、これを物心両面で後押ししたのも区医師会であった。那須医師の証言によれば、区医師会から各会員に対して、各医院・診療所にかかっている患者の名簿をもとに、公害患者会のお知らせと入会依頼文書を送る封筒の宛名書きを依頼し、発送費用も肩代わりしたという。さらに各

第 I 部　公害問題と地域社会

写真 2-3　「西淀川公害患者と家族の会結成」の結成を伝える新聞記事（1972年）

医療機関の窓口で入会申し込みの受付も代行したというから，区医師会は那須医師自身の言葉を借りればまさに「産婆役」だったのかもしれない。

かくして「西淀川公害患者と家族の会」は1972年10月に結成された。西淀川で公害反対運動を担える当事者（公害病患者）による被害者団体ができたことは，その後の公害病認定制度の改善問題，工業専用地域指定反対運動（第1章参照），700余名の大原告団による20年に及ぶ大気汚染公害裁判などといった展開を考えると，非常に大きな意義を有している。その重要な契機となったのが区医師会の全面的な協力であったことは，あらためて記憶にとどめておきたい。

4　西淀川の経験が伝えるもの

本章で述べてきたように，戦後の西淀川では「医療の社会化」運動の再

出発のなかで，労働組合と医療者の連携による「労働者の病院」をはじめとして，住民の自助組織（生健会）が母体となった病院・診療所を地域に誕生させ，地域医療を下支えしていくという特徴的な展開が見られた。専門職や行政への「お任せ」主義ではなく，住民自身が「地域医療の当事者」として参画していくことは，今日，医療崩壊が著しい農村部での地域医療や自治体病院等を再生する上で必須の課題と指摘されていることである（伊関, 2009）。生健会の取り組みは今日に通じる教訓を示している。

また，西淀川では，工業都市という特性上，生活や労働の環境に密着した疾病・怪我の治療や予防，検診活動に力を入れる地域医療が発達したが，それは公的医療機関の不在という条件の下，住民の健康を守るという「使命感」をもった開業医ら民間が主体的に担ってきたという経緯による。そうした状況のなかで，公害がしだいに激甚化した。地元の医療者は，医師会を挙げて公害問題をも地域医療の課題として取り込み，率先して公害被害の可視化や公害医療に取り組んだ。これは都市部における地域医療の重要な足跡であろう。

しかしながら1970年代以降，医療界は，全体として見ればますます専門分化の一途をたどり，医療保険制度も医師の診療・治療行為の点数向上に重点を置く方向へ収斂していき，保健予防活動の意義は軽視され，地域医療はマイナーな位置に据え置かれてきたということができる。もちろん，かつてと比べれば専門的な医療のレベルは飛躍的に高度化しているが，医療や医師らの置かれた状況は，地域医療の重視する「全人的医療」からは遠ざかる方向へと変貌している。そうした医療界の流れが，農村部に限らず都市部でも医療崩壊を招き，医療費支出増大による財政圧迫がそれに拍車を掛けているのが今日の状況である。

こうした流れからのパラダイム・シフトを果たすことが，医療崩壊を食い止め，人々が安心して住み続けられるまちづくりのために必須の課題となってきている。西淀川の医療者が，住民の生活を脅かす公害問題まで視

野に入れながら「使命感」をもって住民の健康づくりに尽力した地域医療の視座や哲学は，その困難な課題を解決するヒントを与えてくれている。

注
(1) 大気汚染濃度は，1970年代末には主に工場から排出される二酸化硫黄（SO_2）の汚染濃度は環境基準を満たすようになり，目に見えるような公害の激甚状況は緩和された。しかし，1970年代のモータリゼーションにより増大した自動車の排ガス汚染は，一定の改善が見られるとはいえ，いまだ解決したとはいえない状況である。
(2) 「医療の社会化」とは，理念的には医療を必要とするすべての人に，医療アクセスを社会的に保障することを意味する。そうしたことを掲げた運動が求められたのは，それ以前の時代から庶民にとって，医療が経済的に決して気軽に利用できるような社会サービスではなかったからである。なお，医療アクセスを社会的に保障するしくみには，強制加入による公的医療保険制度を創設する方法や，租税等による完全公費負担の医療提供システムを構築する方法が代表的である。
(3) このパラダイム・シフトの意味するところは，高齢化の進展による慢性疾患の増加などの疾病構造の変化に対応して，長期入院優先ではなく在宅生活を基本とし，医師中心の診療・治療行為に重きを置く医療から，患者のQOL（生活の質）を高めるために看護や介護，リハビリ，ソーシャルワークなどの専門職も含めた多職種によるチームケア（地域包括ケア）へと医療のあり方を移行させていくことである。
(4) 「全村健康管理」とは，地区ごとに医師や保健婦による集団健康診断を行うとともに，地域から住民代表の「衛生指導員」を選び，住民の健康手帳・健康台帳の作成や学習会等の活動を展開して，病人を出さないための予防の取り組みに力を入れたものである。
(5) 当時の国保では，患者は自己負担分50％を窓口で支払うのではなく，市町村が一時立て替え，患者は役所の職員が後日徴収に来る際に後払いする形が一般的であった。とくに農村部では，住民は常時現金を有しているとは限らなかったので，慣例的に農作物の収穫期などに収入が入った時に支払っていた。しかし，実際には住民の収入が向上せずに未納が増えるという事態がみられ，赤字を抱える国保が増加してきたため，国は1957年の国民健康保険法改正により医療費自己負担分を窓口で徴収する方式を打ち出した。この方針転換は，貧困者の医療アクセスのハードルを上げてしまったといえる。
(6) ただし，川上（1965）が指摘するように，日本の医療の近代化が軍の強い要請を受けて進展してきたことは確認しておく必要がある。戦前の軍病院の日本医療

に占める比重の大きさはもとより，医学研究の対象についても軍の利害に関係して変化している面がある。1938年の厚生省の誕生も，健全な体力・体格を有した若者兵士の育成に危機感を抱いた陸軍の強い要請（総力戦体制のための「人的資源」の質的向上と量的増産）を受けてのことであったことはよく知られている（藤野，2003）。

(7) 1931年10月には「日本無産者医療同盟」が設立され，それが1933年に「日本労農救援会」に発展的に解消している。

(8) 無産者診療所は，医療の民主化を実現するためには社会制度の民主化が必要であるという立場をとって活動していたことから，社会活動家に対する弾圧と同様に，治安維持法による弾圧の対象とされた。

(9) 1955年の最盛期には全国で約3500カ所の施設が展開されたが，その後，国保財政の圧迫により数は減少している。

(10) もっとも公的医療保険制度とはいえ，保険である以上，保険料を支払えない国民が被保険者の資格を喪失する危険性を孕んでいる。その矛盾が昨今，保険料を支払う余裕のない「ワーキング・プア」の若者などの無保険問題で露呈している。

(11) 医療の専門分化・高度化といっても，悪くいえば知識の「タコツボ化」ともいえる。特定の診療科のことだけでなく幅広い医療知識や感覚が要求される地域医療を担う人材育成は，現在の医局講座制中心の医学界では困難な状況にある。

(12) ただし，こうした制度改正が単に医療費低減をめざすためだけに使われるならば，地域医療が担ってきた活動の積極面が色あせてしまい本末転倒の結果となってしまうといわねばならない。

(13) 「民医連」の全国組織である全日本民医連の傘下には現在，全国に約740カ所の病院・診療所（歯科を含む）と，約1000カ所の訪問看護ステーション等の加盟事業所が存在する。同様に傘下の病院・診療所を有する全国組織である日本赤十字，厚生連（全国厚生農業協同組合連合会），済生会と比較した場合，病院・診療所数では民医連が群を抜いている。

(14) 全国保険医団体連合会編（1995）は旧医師会が解散を余儀なくされた本質的な要因について，「このことは医師会関係者には大きなショックであったが，その後の経過を今日まで見る限り心から反省しているとはとても思えない。医師会の記述した歴史を見ても，『侵略戦争への協力』を批判されて法律により解散させられたことはほとんど書いてなく，ただ医師会組織がこのとき改組されたことが記述してあるのみである」（64-65頁）として，旧医師会が積極的かどうかは別として，「健民健兵政策」などの戦争体制に協力する役割を積極的に果たしてきたことに関して，贖罪の意識が感じられないことを批判している。

(15) 旧医師会は，医師法にもとづいて強制設立・強制加入を原則とする，いわば法定医師会となっていた。これは，医師やその団体を医療保険制度をはじめとした

第Ⅰ部　公害問題と地域社会

国策に協力させやすくするためである。新制医師会ではこうした規制が取り払われ，医師たちの自由医師による任意設立，任意加入となった（全国保険医団体連合会編，1995，22-24頁）。

⒃　上述の経緯で成立した保険医協会は，医療保険制度を改善・拡充して国民の医療アクセスを保障するとともに，保険医療に従事する開業医の経営を安定させることを目的にしている（地域によっては保険医会と称する）。全国 47 都道府県に保険医協会・保険医会は 51 団体あり，全国組織として全国保険医団体連合会（保団連）に加盟している。同連合会によれば，現在，会員数はおよそ 10 万 3000 人であり，全国の開業医（医科・歯科）の 62％が加入しているとされる。

⒄　「保険医総辞退」の意図は，保険診療の拒否を政府にちらつかせることで，医療保険から医療機関に支払われる診療報酬の増額などを政府に認めさせようとしたことにある。

⒅　医師会の「保険医総辞退」運動をはじめとした全国民的な運動の結果，1956 年 6 月，衆議院は「健康保険改正法案」を審議未了廃案とした。当時の政府（民主党・鳩山内閣）による「健保改悪」の意図は，使われ始めた社会保険の財政がまたたく間に底をつき赤字（約 80 億円）を生んだことの穴埋めだけでなく，1954 年 6 月の自衛隊の発足にともなう再軍備費（約 300 億円）を捻出するためと考えられていた（淀協史編纂委員会編，1981，74 頁）ことから，国民的な反発を招いたものと思われる。

⒆　西淀川公害患者と家族の会会長・森脇君雄氏へのヒアリング（2008 年 3 月 6 日）による。

⒇　当時，被用者の社会保険（健康保険）は「本人 10 割・家族 5 割」であったため，被保険者本人は自己負担なしで保険診療が受けられた。

㉑　大阪市議会に約 3000 人の市民らが座り込みを行う中，前日に名古屋市議会が「本人 8 割・家族 5 割」で妥結したことを受け，国保条例は 1961 年 2 月 17 日早朝に自民党の強行採決で可決された（沓脱，1982）。しかし市当局が当初「本人 5 割・家族 5 割」で提案していたことと比較すると，大幅な改善であった。

㉒　この問題は医療を受ける患者にとってのみならず，医療提供者の側にも深刻な問題であった。とくに高度成長期に入って，賃金の上昇率以上に物価上昇が進んでいたが，健康保険の診療報酬単価は低い水準に抑えられたままであったため，医業が成り立たないとして保険診療にかかわる診療報酬単価引き上げを求める運動が続いた。

㉓　当時の『サンデー毎日』（1947 年 4 月 20 日・27 日号）も「"病院もわれらの手で"――大阪に生れた労働者の西淀病院」というタイトルで大きく報道した。同誌は，「勤労者の健康維持増進，医療の社会化を目的とし，工場―病院即家庭を直結，労働者自らの手で経営していくわれらの病院というべき，日本最初の民主的な労

働者の病院が大阪西淀川の工場街の真ん中に生れた」と記述している（大阪民医連30年誌編纂委員会編，1985，33頁）．
⑷　1950年には設立時の覚え書きにより，協会から資本家団体の理事が退いて，名実ともに「労働者の病院」となった（大阪民医連30年史編纂委員会，1985，32-33頁）．
⑸　団体名に「生活」の文字が入る・入らないということで活動の幅の違いは多少あるものの，「医療の社会化」という目的では一致しているので，総称する際には生健会と述べる．
⑹　生健会の会員になって会費を払えば，淀協（1961年以前は「西淀川産業協会」）の診療所では初診料が無料になるなどの特典が用意されていた．それは，医療アクセスへのハードルを低くするとともに，淀協の院所への誘因効果も企図されていたと考えられる．
⑺　生健会の専従職員を務めた辰巳正夫氏（のち大阪市議会議員に連続5期当選）へのヒアリング（2008年9月28日）による．
⑻　戦前から近代工場が多く進出していた西淀川では，日露戦争後本格的に重化学工業が発展するなかで，明治末期にはすでに亜硫酸ガスなどの有毒ガスによる全般的な煙害被害の慢性化が引き起こされていた（小田，1987）．また，1920年前後に次々と設立・操業を開始した鉄鋼業の大阪精錬（のち古河鉱業と合併），化学工業の伊藤硫曹（のちの日本化学工業），大阪製鋼（のちの合同製鐵）のような会社が，亜硫酸ガスなどの排煙や排水たれ流しなどで農漁民と公害紛争を引き起こしていたことも記録されている（小山，1988；小山編，1973）．
⑼　沓脱議員の発言録では，「尼崎の関電の発電所の煙が西淀川にものすごい被害を及ぼしています．よその都市から飛んでくるのは，大阪市は知らん顔をしているのかどうか．〔中略〕西淀川あたりでは，市民が相当な被害を蒙っておって，工業界へ処理を申込みにいくという行動が出てきております」と述べている（小山，1988，159頁）．これは1958年頃から発生した「田中電機事件」ともいわれる田中電機（株）の製鋼工場の煤煙・粉塵・騒音に対し，西淀川の御幣島地域の住民が数年にわたって，会社と行政への抗議，陳情，デモを繰り返したことなどを指すのであろう（同社はのち倒産）．また，1960年頃からは大阪製鋼の西淀川区の西島工場から出される「赤い煙」（赤茶けた煤煙）に対して，近隣住民が抗議行動を行っている．これに関して，沓脱議員の質問（1963年3月）でも「大阪製鋼所の赤い猛烈な煙は自転車で走ってもごみが目に入る，洗濯物や，たたみや足袋の裏が赤茶色に染まり，気管の弱い人は気管支炎が悪化して，西風が吹きやまないと，いかに治療を加えてもよくならず，住民の不満がきわめて高まってきている」と述べており（小山，1988，160頁），医師の立場から大気汚染で健康に変調を来した患者の存在を指摘している．

⑶0 生健会がかかわる公害反対運動のなかで，記録によるともっとも早いのは1963年に「姫島健康を守る会」が住民とともに会社に抗議し，交渉をした行動である（「大阪府保険医協会の歩み」編纂委員会編，1984，593頁以下年表；大阪民医連30年史編纂委員会，1985，245頁以下年表；淀協史編纂委員会編，1981，243頁以下年表，参照）。大阪製鋼の「赤い煙」による被害に対し，1963年頃に福町の住民が抗議行動を起こそうとした時，「姫島健康を守る会」の会員が共同して会社に抗議に押しかけた。会社が1964年10月に排煙の集塵装置を完成させることをもって，反対運動は収束した（淀協史編纂委員会，1981，127頁）。

⑶1 ここでいう被害の可視化とは，公害による健康被害に関して，加害—被害の因果関係（大気汚染と病気の発症・増悪の原因—結果の関係）の観点から，具体的な被害を「発見」し，あるいは「掘り起こす」ことを指す。

⑶2 大気汚染公害による公害病とされる指定疾病は，公害健康被害補償法（1973年制定）によれば，気管支ぜん息，慢性気管支炎，肺気腫，ぜん息性気管支炎，およびそれらの続発症，である。

⑶3 公害病患者には，病気のため家計や家族に負担をかけてきたことに，自責の念を抱き続けてきた人も少なくない。そうした人たちにとって，被害者としての認定は，病気の責任が公害にあると公式に認められたことを意味し，ある種の「名誉回復」の意味をもつ。同時に，医療費や，生活保障の意味を有する障害補償費の支給は，患者たちの経済的な自立度を高め，被害者運動への参加のハードルを押し下げたと考えられる。

⑶4 那須医師はその他にも，大阪府医師会公害医療委員会副委員長，大阪府保険医協会理事，全国保険医団体連合会会長，大阪市公害健康被害認定審査会委員などを歴任している。

⑶5 救済法施行にあたり，大阪市は此花区などの市立病院に西淀川区の医学的検査の実施を委託することを意図していたが，西淀川区医師会が「患者が遠方まで行かなければならなくなる」と反発して，区医師会の責任において区内で設置検討することを，交渉の末，委任されたという経緯がある。前掲の『西淀川大気汚染公害裁判証人調書』によれば，那須医師自身も次のように述べている。「西淀川区は大変交通の不便なところです。森ノ宮の成人病センター，小児保健センター，遠い，遠い。十三市民病院，北市民病院，皆電車に乗って行かなならん。ということで，『患者のど真ん中に造ろう』ということで造った。患者の負担を軽減する，患者の利便のために。しかも当時，市が指定した四つの検査機関は，成人病センター，小児保健センターを除いてはあまり検査能力はなかったという事実がございます。それで結果的に，医師会でほとんど全部処理しました。」

⑶6 当初は柏花診療所程度の規模で「大和田診療所」としての建設が考えられていたが，淀協全体の発展計画の中で，西淀病院の改築が検討され，改築中に西淀病

院の(入院)ベッドを代替するために,診療所の計画が(一定規模の入院病床を持つ)千北病院へと転換されることになったのである(淀協史編纂委員会編,1981, 149-152頁)。

(37) 森脇氏へのヒアリング(2008年9月3日)による。

参考文献

あおぞらプロジェクト大阪(2010)『大阪ぜん息被害実態調査報告集』あおぞらプロジェクト大阪。
青山英康(1984)「地域医療の概念とその変貌」福武直・佐分利輝彦監修,青山英康編『地域医療』中央法規出版。
医学史研究会・川上武編(1969)『医療社会化の道標——25人の証言』勁草書房。
伊関友伸(2009)『地域医療——再生への処方箋』ぎょうせい。
宇沢弘文(2000)『社会的共通資本』岩波新書。
大阪都市協会編(1996)『西淀川区史』西淀川区制七十周年記念事業実行委員会。
「大阪府保険医協会の歩み」編纂委員会編(1984)『大阪府保険医協会の歩み——戦後開業医運動の原点』大阪府保険医協会。
大阪民医連30年史編纂委員会(1985)『明日への道——大阪民医連30年のあゆみ』大阪民主医療機関連合会。
小田康徳(1987)『都市公害の形成——近代大坂の成長と生活環境』世界思想社。
片岡法子(2000)「戦後・大阪市西淀川地域における大気汚染問題と住民運動」地方史研究協議会編『巨大都市大阪と摂河泉』雄山閣出版。
川上武(1965)『現代日本医療史』勁草書房。
沓脱タケ子(1982)『タケ子の青春ノート いのち愛くしみ』清風堂書店。
桑原英武(2009)『治安維持法とわたし 戦後編』日本機関紙出版センター。
小山仁示(1988)『西淀川公害——大気汚染と被害の歴史』東方出版。
小山仁示編(1973)『戦前昭和期 大阪の公害問題資料』関西大学経済・政治研究所。
全国保険医団体連合会編(1995)『戦後開業医運動の歴史』労働旬報社。
全日本民主医療機関連合会編(1983)『民医連運動の軌跡——全日本民医連結成30周年記念誌』桐書房。
西淀川区医師会四十年史編纂委員会(1988)『新制西淀川区医師会四十年史』大阪府西淀川区医師会。
藤野豊(2003)『厚生省の誕生——医療はファシズムをいかに推進したか』かもがわ出版。
松島松翠・横山孝子・飯嶋郁夫(2011)『衛生指導員ものがたり——「八千穂村全村健康管理50年」別冊』JA長野厚生連佐久総合病院。
宮原伸二(1994)『美しく老い,美しく死ぬ』文京書房。

淀協史編纂委員会編（1981）『淀協のあゆみ――地域の医療運動史』財団法人淀川勤労者厚生協会。
吉澤國雄（1987）『検証　地域医療』社会保険新報社。
若月俊一（1971）『村で病気とたたかう』岩波新書。
若月俊一（2010）『若月俊一対話集1　地域で人間をみる』旬報社。

第3章

西淀川の公害教育
――都市型複合大気汚染と公害認識――

林　美帆

　西淀川の公害反対運動が，なぜ幅広く支持をされて，裁判で原告が勝訴をしたのか。その要因の1つとして，患者である原告が，弁護士や学者を引っ張って運動したことが挙げられる。裁判の支持を訴えるビラには，原告の顔写真と病状が記載され，その本人がビラを配る。このことを他地域の公害運動をしていた人たちに紹介すると，驚かれることが多い。なぜならば，公害病に対する認識不足から「国からお金をもらっている」「公害御殿」「ニセ患者」などと，差別や誤解が起こりやすい状態になるために，公表をためらう場合が多いからである。そのような中で，西淀川の公害患者は，地元で集会を開き，ビラをまき，署名を集めて支援を訴えた。その要因は，個人の資質などからも説明できようが，ここでは患者たちをとりまく地域社会の側の条件について言及したい。

　西淀川の公害訴訟では，数多くの支援者がおり，それによって世論が形成され運動が広がった経過がある。その中の重要な支援組織の1つが教職員組合であり，裁判提訴前から啓発パンフレット『西淀川公害をなくせ』の作成や，二酸化窒素の測定運動に参加するなど，常に西淀川公害患者と家族の会（以下，患者会と略すことがある）と活動を共にしてきた。教職員が西淀川公害裁判を支援したことによる影響は，支援者としての広がりだけではなく，学校での教育活動におよんだと考えるのが自然であろう。授業で公害の問題点を伝え，公害の理解を促す役割を担っているからだ。

　西淀川地域では教職員組合が行った活動はある程度明らかにされている

写真3-1　駅前でビラ配りをする公害患者
1989年12月15日，西淀川区のJR塚本駅前にて

（大阪教育文化センター環境教育研究会編，1996）が，それ以外の教師や教育機関が西淀川公害にどのように関わったかは解明されてはいない。少なくとも，1967年からの大阪市立西淀中学校による公害調査，1969年から1971年度の大阪市教育委員会（以下，市教委と略すことがある），大阪府教育委員会による「公害対策研究指定校」の活動といった，教職員組合とは違う立場からの活動がある。

　本章では西淀川での公害教育の成立過程から現在までの流れを追い，行政がどのように公害教育を実践してきたのかを検証する。また，教職員組合による公害訴訟への取り組みと，公害訴訟を通じてうまれたあおぞら財団の活動についても述べる。第1節では，西淀中学校の公害調査と教師の手による疫学調査の成立過程を追う。第2節では，大阪市教育委員会の方針と，公害対策研究指定校であった出来島小学校・大和田小学校の公害教育の取り組みを明らかにする。第3節では教職員組合の動向と，西淀川公害訴訟の協力関係を整理する。第4節では，以上の小括として，西淀川における公害教育の出発点として，被害の事実があることを指摘する。第5

節では，被害地域の環境再生に向けた公害教育の可能性について，あおぞら財団の実践から述べる。最後に第6節では，本章の内容を要約しつつ，西淀川の公害教育と「環境再生のまちづくり」との関係について若干の考察を試みる。

1　学校現場で公害から子どもを守る

（1）西淀中学校による公害調査
①東京都小中学校公害対策研究会の調査

1968年2月13日，東京・大阪・四日市・北九州などの全国9主要都市の小・中学校の校長が東京に集まり，学校を公害から自衛することを目的として，全国小中学校公害対策研究会が結成された。この組織のよびかけを行ったのは，東京都小中学校公害対策研究会である。

東京都小学校公害対策研究会は，1967年秋に朝日新聞厚生文化事業団の費用負担で，全国主要都市の中学生を対象とした公害調査を行っている。この結成大会は，その調査発表を報告すると同時に，各都市に支部を設けるために，各都市の小，中学校校長会を通じて実施したものであった。

この集会に大阪市立西淀中学校の荒木芳太郎校長は，大阪市小中学校保健部会の代表として出席している[2]。なぜ，この研究会に西淀中学校が大阪市の代表として参加することになったのであろうか。

西淀中学校の『公害調査のあゆみ（主として大気汚染について）1年次』（大阪市立西淀中学校健康教育部，1969，4頁）によれば，西淀中学校が公害対策として最初に取り組んだのは1967年9月，全国規模で行われた学校環境意識調査への参加である。この調査が先ほどの東京都小学校公害対策研究会による調査と同一である可能性は高い。おそらく，西淀中学校が東京都小学校公害対策研究会の調査対象校となったことで，校長である荒木が全国集会に出席することになったと推察される。

第Ⅰ部　公害問題と地域社会

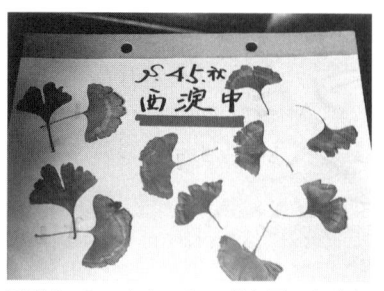

写真3-2　イチョウの葉を用いた大気汚染の影響調査
西淀中学校のイチョウはまだらに変色している（1970年）。

西淀中学校にとって，全国規模の公害調査の対象校となったインパクトは大きかった。1967年12月には西淀中学校内の健康教育部で「公害問題」を取り上げることが決定し，保健主事と養護教諭を中心として「大気汚染と呼吸器官の関連」の各種調査が行われることとなった。大阪市内の中学校には大阪市中学校教育研究会という，教諭・講師・管理職が所属する教師の自主組織がある。それらは教科別に部がわかれており，教師はいずれかの部に所属している。健康教育部もその1つで，主に養護や保健体育に関わる教師が所属し，健康教育について研究をすることになっていた。

　西淀中学校の調査では「身長と公害扁桃腺肥大」「学校環境意識調査」「教職員に対する意識調査」「喘息調査」など，学校の裁量と校医の協力によってできる範囲の調査が行われた。

②「学校公害」

　1968年3月19日に「新しい課題　学校公害」と題して『サンケイ新聞』に取り上げられ(3)，西淀中学校で行った意識調査の結果を公表した。記事によると荒木は，新聞記者に腐食した雨どいを見せ「鉄でさえこれだけ侵されている。子供たちの身体に影響がないはずがない」と述べた。また，7月6日の『朝日新聞』にも扁桃腺肥大の調査結果が紹介された。

　また，市教委主催の大都市教育研究協議会（10月31日）で西淀中学校の調査結果が報告された(4)。そこでは学校独自の調査結果と合わせて，大阪市公害対策室による1968年2月に西淀中学校で行った亜硫酸ガス測定の結

果，1カ月間のうち，0.1ppm以下が37.5％，0.2ppmは31.9％をしめ，ひどい時は0.93ppm（大阪市立西淀中学校健康教育部，1969，31頁）という高濃度汚染下に中学校がさらされていることが，他校の教職員にも共有されることとなった。

　全国小中学校公害対策研究会（11月27日）では，荒木は大気汚染の問題として「①汚染源が種々あり，原因究明の困難さ　②従って実態調査，被害調査などの困難さ　③今後ますます汚染度が高くなる傾向にあること　④授業中の汚染をさける対策　⑤企業家自体の公害の認識」の5点を示している。解決への要望としては「①汚染防止の科学技術の開発　②企業団体の意識向上　③研究協議会の設置　④行政的措置」（大阪市立西淀中学校健康教育部，1969，27頁）の4点を報告した。汚染はあるが，汚染源が確定できない都市型の大気汚染の難しさと，企業の意識向上と行政による規制がなければ，大気汚染の状況が改善されず，学校としてはなすすべがない様子が分かる。

　③公害被害を自覚する困難
　荒木は「海の近くにありながら，磯の香もしないし，潮風は勿論，海も見えない。しかし，生徒たちはこの不自然さを全然感じていないのでなかろうか。また，のどの痛み，鼻腔の異常・目の異常などに鈍感になっているのであろうか。尚，その情操にまで鈍感になっているとすれば恐ろしいことではないか」（大阪市立西淀中学校健康教育部，1969，1頁）と述べている。教師の驚きを生徒と共感できないもどかしさがあった。[5]

　教師のような地域外から通勤している人は，公害がない状況と比較することができ，公害に気付くことが容易である。一方，西淀川区内で生活している生徒たちは，比較対象がないために公害を自覚することができない。教職員からは公害を自覚しない生徒たちが異様に映ったのであろう。教職員の何とか自覚させたいと願う気持ちが伝わってくる。

西淀中学校の公害調査によって，通学地域の子どもの被害実態の可視化された。そして，「学校公害」(授業がままならない状態を表す)の存在を世間に知らせることとなった。ただし，公害を教えるという実践には至らなかった。

(2) ぜん息様症状児童調査
①西淀川区全小学校参加の疫学調査
　西淀中学校が調査結果発表を行った市教委主催の大都市教育研究協議会(1968年10月31日)にて，出来島小学校の保健主事の秋元実教諭は，児童へのうがいや薄着，ビタミン剤の服用を指導する程度のことしかできない現状と，市教委が大気汚染の対策を講じないことを訴えた。[6]

　一年後，秋元が代表を務める西淀川区小学校保健主事会と大阪市小学校教育研究会西淀川支部保健研究部が中心となって，西淀川区内児童9266人を対象に「ぜん息様症状児童調査」を行うことになった。府下初の大がかりな大気汚染の実態調査である。[7] 大阪市小学校教育研究会は，大阪市立小学校の校長，教頭および教師が所属しており，小学校教育に関する研究調査を行い，大阪市の教育の発展に資することを目的とした研究会である。教師の自主的な集まりとされているが，全教師が参加しているため，公的な性質を併せ持っているといっていいだろう。

　秋元は「父母の間でもいろいろ意見の食違いがあるので，まず実態を明らかにする」[8]と，科学的な実態調査の必要性を述べている。調査の序文には新聞で西淀川公害が連載されて「一躍全国屈指の汚染地帯として有名」[9]となってしまったこと，公害から子どもたちを守るために調査すること，この調査結果が大阪府公害対策審議会専門部の基本資料になることが記されている。公害対策を促すための基礎資料を，現場の教師が主体となって作る意気込みが見える。この意気込みを清水忠彦府成人病センター調査課主幹は「現場の先生が，積極的な姿勢を示しているのを買いたい」[10]と評価

している。

　この調査は2回にわたって行われるもので，1次調査は1969年11月24日にぜん息様疾患調査として，西淀川区の全小学校にて全児童に「かぜをひいていないときでも，のどがゼイゼイ，ヒューヒュー音がするか」などの質問をし，全学級の担任が児童に手を挙げさせて調べるものであった。2次調査は症状を示した児童の保護者へのアンケートである。

　②ぜん息児童の掘り起こし
　大阪市小学校教育研究会西淀川支部保健研究部理事の臼井又四郎は，大和田小学校の校長であった。大和田小学校は1969年の4月から，大阪市教育委員会および大阪府教育委員会の公害対策研究指定校となっていた。
　大和田小学校では7月に児童の公害症状に対する意識調査と，保護者観察による調査，四日市の塩浜小学校の結果との比較，定期健康検査の結果の検討を行っていたが，喘息を定期健康診断時に正確に把握できない問題にぶつかっていた（大阪市立大和田小学校，1970，16頁）。少なくとも，出来島小学校の秋元と大和田小学校の臼井の思いが重なり，ぜん息様症状児童調査が形になったと推測される。
　大阪市教育研究所（以下，市教研）の堀川和雄を通じて医療機関に働きかけたところ，府立成人病センター，市立小児保健センター，阪大小児科が共同して調査する予定があることが分かり，この調査が医療機関の協力を得て実施されることとなった。これを契機に，ぜん息の原因が公害であり，最近増えてきているという認識が広がった。
　この調査は，西淀川区の全11校のほぼ全教師が参加しなければならない。この調査によって教師は，担任しているクラスだけでなく，自校や他校のぜん息児童数を知ることになる。また，教室にて公開で行われたことにより，児童もクラスメイトにぜん息の患者がいる事実を目視する。そして，ぜん息は隠すことではないという認識が広がる。しかもこの調査は，

医師と連携したものであり，信頼度が高い。

　出来島小学校の秋元の訴えは，行政への要望だけにとどまらず，関係者を巻き込んで大がかりな実態調査を実施することとなった。西淀中学校の調査が，1校だけのものであったことを思えば，この出来島小学校からの動きは，公害で困っている現状認識を区内の全小学校に広げたことに意味がある。また，対策を待つのではなく，自分達で行動を起こし，対策をするための基礎データを作り上げたことに意味があると言えよう。公害教育としての内容を検討したものではないが，教職員の公害に対する認識が高まった調査であった。

2　西淀川公害教育をつくる

（1）教育委員会の取り組み

①騒音対策

　文部省は保健体育審議会の「学校環境衛生基準」にもとづき，1965年9月に「学校環境衛生の解説」を示している。そこでは「①学校教育の場において危険を避け，その活動能率を阻害する許容限度を明らかにするとともに　②活動能率を向上増進できる精神的にも望ましい好適限界を示し，③具体的な定期・日常の両検査」（堀川，1967，34頁）の実施方法を明示している。

　大阪市教育委員会は，1965年度から5カ年計画で防音教室への改装について予算をつけている。市教委は1966年に，大阪市下の全小・中・高等学校・幼稚園計428校に対して「学校公害（騒音・振動・大気汚染・地盤沈下・交通事故・風紀）の基礎調査」を実施した。その結果，被害が一番大きいものとして認識されたのは「騒音」であり，全市域に被害が分布し，2校に1校の割合で被害があったことが判明している（堀川，1968，36頁）。

　市教研では1966年から「公害と学校研究に関する研究」が先述の堀川

和雄を中心としておこなわれた。その研究内容は大気汚染の被害についてではなく「騒音」を対象としたもので、この成果が、大阪市教育委員会の「防（遮）音教室整備5カ年計画」に活用されることになった（堀川，1973，3頁）。

この時点で、市教委および市教研にとっての公害は「騒音」であり、騒音対策が実施された。西淀川の大気汚染については、現場の教師の要望が共有される状況ではなかった。

②西淀川大気汚染と公害教育

1970年からようやく市教研で、大気汚染地域での公害教育のあり方が検討されることとなった。そこで3つの調査がされることとなった。①公害（大気汚染）地域の子どもの健康障害の調査、②公害（大気汚染）地域の子どもの公害問題（地域の）対する理解と関心の調査、③公害問題に対する教師の教育的関心の調査、である（堀川，1973，3-4頁）。

この①は、先に挙げた西淀川区小学校保健主事会の調査を指す。②は1970年10月に西淀川区の全11の小学校6年生の児童、約1500名を対象に「児童の公害問題に対する関心と理解に関する調査」（堀川，1973，16頁）を市教研が独自に実施した。③は1969年に小学校教師を対象に「公害問題への実践的対処に関する志向」（大阪市教育研究所編，1971，75頁）の調査が行われている。

また、市教委としては7つの対策を行っている（堀川，1974，39-42頁）。1つ目は学校移転である。西淀川公害訴訟の被告企業にもなった中山鋼業株式会社の敷地内にあった川北小学校を1969年に移転させた。2つ目は教室の防遮音の整備、3つ目が大気汚染地域の学校への設備整備である。西淀川区内全校園の空気清浄機の設置および校庭の緑化、保健対策に1970年〜1974年の間に約1億8000万円が投入された。4つ目はうがい施設の整備、5つ目は養護教諭の複数配置、6つ目が公害対策研究指定校で

ある。7つ目は「公害に関する指導の手引書」の作成や、西淀川区内の各校園に勤務する教師に年間1人当たり9000円の教員研究費を支給して、公害地域の学校における教師の実践研究に「補償」措置を講じることなどを挙げている。

この対策の中で、教育内容に関わるのは6つ目の公害対策研究指定校の実践である。淀中学校、大和田小学校、出来島小学校での実践が、教科における公害に関する教育指導を検討する材料となった。

（2）公害対策研究指定校——大和田小学校での実践
①保健対策の効果を高めるための公害教育

1969年度から1971年度までの3カ年、大阪市教育委員会と大阪府教育委員会から、淀中学校と大和田小学校の2校が公害対策研究指定校とされた。1970年から出来島小学校が新たに加わった。

1969年6月12日に市教研が開催した大阪学校公害問題研究会にて、小中学校の社会科指導要領や、西淀川区の小学校3年生の地域学習用の副読本『わたしたちの西淀川』に公害の記述がないこと、「公害をいかに児童、生徒に教えるか」が議論された。ようやく「公害から子どもたちを守る」から「公害を教える」ことへの機運が高まったのである。

ここでは、大和田小学校の1969年度から1971年度に行われた公害対策について、『研究発表紀要』(大阪市立大和田小学校、1970、1971、1972) から明らかにしていく。

大和田小学校の1969年度の研究題目は「公害から児童の健康を守るためには学校としてどうすればよいか——大気汚染の影響とその対策」で、「各種調査の結果から、おのずと保健対策が生まれてくる」(大阪市立大和田小学校、1970、19頁) とされ、うがい・乾布摩擦・肝油ゼリーの服用、体力づくりなどの保健対策が実施された。しかし「公害対策は、保健を中心としたものだけでは万全ではない」という反省もなされる。児童の公害に

対する意識が学校側の努力ほど高揚されていないのはその証左で，ここに，どうしても公害教育の必要性を痛感するものである」(同上，1970，37頁)と，保健だけでは児童の公害への認識を高められない難しさに悩んでいた。

1970年度の実践で臼井は「公害についての知的理解がないと，今行っている種々の保健指導も子どもたちにとっては，ただうるさいこととしかうけとれない」と嘆いている。現状を打開するために，「公害地に育って，こんな状態が普通だと思っている本校の子どもたちに，うがいや乾布摩擦が自分自身の為に必要なのだと自覚させるためにも公害の知識教育が必要」(大阪市立大和田小学校，1971，1頁)と述べる。そこで研究主題は「公害（主として大気汚染）から児童の健康を守るためには学校としてどうすればよいか――公害に対処する教育」(同上，1971，6頁)と変化して，公害教育に取り組むこととなった。

②公害を教える困難

大和田小学校での公害教育には，西淀川特有の課題があった。「全国一の大気汚染地域と喧伝され，公害被害者救済法指定地域でありながら，他の新興工業都市のような公害に対する住民意識の盛り上がりが少ない。これは，当区が明治以来長年かかって徐々に発達して来た工業地帯であり，工業の増加に伴って人口の増加と繁栄を見た所だけに，大気汚染に慣れている」(大阪市立大和田小学校，1971，39頁)。西淀川が他の新産業都市とは違い，古くからの工業地域であり，大気汚染に慣れ，公害が自覚できない難しさを教師たちは指摘した。そして，「汚染状況が明らかにされていなかった点も，被害感の表明を遅らせて来た原因」(同上)と推測する。

そこで，公害学習のねらいとして「保健対策の徹底」と「公害問題の科学的な認識を深め，人権尊重の精神を養う」，「公害を受けない，公害を起こさせない，公害をおこさない」(同上)ことが掲げられた。しかし，5年生社会科の「公害とわたしたちのくらし」の単元を担当した教師が，「公

害について，子どもたちが，ほんとうにキャッチしたか」（同上，47頁）と漏らすように，公害を理解させることの困難さが浮き彫りになった。

　最終年のまとめとして，問題点は「科学的データ，適切な読み物等の資料収集，作成が非常にむずかしい」（大阪市立大和田小学校，1972，52頁）ところにあるとされた。また，教師の姿勢について「公害という人権侵害の観点で授業する場合，教師自身が主権者意識を正しく持たねばならない」上に，「社会情勢を正しく判断し，将来の展望を持った巨視的な見方を養わねばならない」（同上）と述べられ，教師の姿勢や情勢判断など，高度な状況判断能力が公害教育には必要だと結論付けられている。そして，「四日市や川崎市はもちろんのこと，近くは堺や尼崎市の一部においても，公害学習の教育課程が出来て，指導要領と密着した公害問題の指導について明確な示唆が与えられているし，指導事例までも考えられている」ので「市の公害に関する指導の手引が完成次第，それに合わせて，よりよいものにしていかねばならない」と，市の指導の手引が待たれていることを明かしている（同上）。

　③ PTAの活動

　大和田小学校のPTAは，学校が公害対策研究指定を受けてから，児童の健康を守るために学校の研究に全面的に協力をした。

　具体的には，1969年度から，PTA内に学校保健委員会をつくり，公害対策にとりかかった。1970年度には，学校の教育条件の整備のために，新たに教育推進委員会と緑化推進委員会を設置した。学校保健委員会は学校医と協議を重ね，委員の公害に対する関心が高まった。その結果，大阪府公害監視センターや，病弱児を対象とする大阪市立貝塚養護学校の見学を行い，全国PTA大会において「公害に対してPTAはいかに活動するべきか」というテーマで，大阪市PTA協議会を代表して発表した。そして，その様子をPTA新聞にて公害特集号として発行するなどの行動を起

こすようになっていた（大阪市立大和田小学校，1971，51頁）。公害対策にPTA委員会全体でとりかかるために，1970年12月からは全委員の参加する公害対策委員会を設置するに至った。

1971年度は，会員のための成人教育や見学会，学級懇談会，PTA新聞などによる会員への啓蒙に取り組んだ。公害の知識を委員だけではなく，会員にまで広げようと努力をしたのである。また，発生源対策にも取り組み，工場（出来島の永大石油鉱業）の移転を訴える住民運動にPTAとして参加した。

PTAは学校の企画に協力する立場から，公害に対して自ら行動を起こすまで変化している。ある保護者は，次のように書いている。「指定初年度である（昭和）44年度当初は，公害地にすみながら公害の恐ろしさを知らなかった。ところが研究の進むにつれて，被害の大きさに驚き，さらには公害による被害者救済指定地域に指定された影響の深刻さ^{ママ}のいやというほど味わ^{ママ}された」（大阪市立大和田小学校，1972，57頁）。住民でありながら知らなかった公害を，活動を通じて学習したことで，PTAは当事者として行動を起こしたのではないだろうか。公害の実態を学習することの重要性を示しているといえよう。

この活動を裏付けるように，1971年度に教務主任となった山本武雄は「PTA活動を通じての啓蒙をはかるための努力に労をおしまず」と述べた。[14] 公害教育は小学生レベルでは理解が困難であるが，成人に対してであれば理解は難しくなく，反対運動にまで結び付く可能性があることが分かる。

（3）公害対策研究指定校——出来島小学校での実践

①公害教育の試み

出来島小学校は，1970年度から公害対策研究指定校となった。ここでは，1970〜71年度に行われた出来島小学校の公害対策について，『研究発

写真3-3　出来島小学校の『研究発表紀要』（筆者撮影）

表紀要』（大阪市立出来島小学校，1971，1972）から明らかにしていく。

　出来島小学校も，大和田小学校と同様に，全学年を通じた公害教育のカリキュラムを作る試みが行われた。「公害学習指導計画の作成」「特別活動を通じての実践化」「健康を自己管理する能力の育成」「指導資料の収集」を研究のねらいとして活動が進められた（大阪市立出来島小学校，1972，4頁）。

　公害教育の実践を見ると，2年生社会科で学校の近くの洗浄工場を題材に，その工場で働く人たちの声を録音テープで聞かせて「薬品のにおいが，からだを悪くすること，夏などやけどしやすいなど，苦しみや悩みを実感としてとらえさせる」ことをねらって授業を行った。しかし，児童は「なぜそんな工場で働くのだろう」「そんな工場やめたらいいのに」というように，工場から逃げるという発想しか示さなかった（同上，39-40頁）。

　3年生社会科では，西淀川区の公害病の原因が，尼崎市の工場からの煙にあると説明した。しかし「子どもたちがとらえている大気汚染による公害の原因は，登下校時及び，教室の窓から見える少数の工場の煙のみを原因と考え，出来島の街を取り囲んでいる西淀川区内の工場群，神崎川を隔

てて隣接する尼崎市の工場群に原因がある事に気付いていない」。しかし，子どもたちは「出来島の町に公害病認定患者数が多い原因に子どもたちが国道43号線の排気ガスをあげた」が，教師は「排気ガスと公害病の関係を示す資料がなく客観的な判断ができなかった」(同上，41-42頁)。子どもたちが原因を指摘しても，道路公害についての資料がなく，子どもに説明できない困難が浮かび上がってきた。

5年生社会科では「コンビナートの発展と人々のくらし」の単元で，四日市を取り上げて授業をした。ここで，児童たちは「四日市の方がひどい，かわいそうや」と感想を述べた。四日市よりも西淀川は公害患者が多く，公害による被害が激甚であることを学習しているのにもかかわらず，児童たちは自分たちよりも四日市の方がひどいというのである。担当した教師は「他に比して自分の方が，少しはましだという考え方は恐ろしい」(同上，43-45頁)と嘆いている。

そもそも，西淀川を取り上げずに，四日市を取り上げて説明しようとしているところに，西淀川公害を伝える難しさが透けて見えるといえよう。

②公害認識の薄さ

6年生体育科（保健）でも「大気汚染が人体に及ぼす影響について知り，自分たちの健康増進のために，進んで問題解決にあたる態度を育てる」ために，この地域の大気汚染の影響について児童で話し合った。児童は1971年9月から，公害についてグループ学習をしていた。ところが，児童たちにこの地域の公害の主な原因を問うても，児童からは大気汚染という言葉が出てこなかった。また，話し合いにおいて，教師は状況を改善しようとする積極的な意見が出ることを期待したが，児童からは「空気のきれいな土地へ逃避したい」という意見が多かった。健康増進や公害に立ち向かうといった，積極的な姿勢を養う難しさがうかがえる。担当した教師は，「この地域の大気汚染は，よく知られているわりには，児童の公害

（大気汚染）に対する意識が低い。児童の健康を考えるには，やはり家庭の協力が必要」と今後の問題点を述べている（大阪市立出来島小学校，1972，46-47頁）。

しかし，家庭との協力は，出来島小学校では難しかったようである。出来島小学校は，保健対策として保護者と連携し，児童のゼンソク時の病状を管理しようとした。しかし，親が不在の家庭が多く，家庭と連絡を取りづらいと嘆いている（大阪市立出来島小学校，1971，26-29頁）。大和田小学校とちがい，出来島小学校では，親世代への教育の困難さが指摘された。

社会科学習の目標は「公害によって健康な生活がおかされている事実，産業公害の原因，産業公害を生み出した背景を空間的，時間的にとらえさせ，住民のひとりひとりが国土全体を住み良いものとして守っていく権利と責任をもつことの意義」[15]を理解することであった。しかし，公害を自分のこととしてとらえることも，原因を理解することも，主体的な行動に移させることも困難な状況にあった。

公害教育に必要なものは資料である。しかし，西淀川では公害の因果関係が明確でない都市公害ゆえに，授業で使用する資料が潤沢でなかった。これらの教育実践を見ていると，資料の無さに悩まされている教師が多いことが分かる。

（4）大阪市教育研究所（市教研）の見解と社会科指導計画
①住民運動への着目

市教研にて公害研究を担当していた堀川和雄は「公害対策の基本は，発生源をなくし，その補強要因を改善すること」であるが，「『公害を起こさない，許さない』人間を作ることが，より根本ではないか」「施策対策—保健教育は，あくまでも自衛と対症療法にすぎない」（堀川，1970，5頁）と述べる。大和田小学校が，保健教育から公害教育に転換しようとする中で，同じ様に堀川も公害教育を重視し，公害を起こさない，許さない人間

の形成を目指していた。

研究指定校が求めていた「市の公害に関する指導の手引」に当たるものとして，市教研から『公害と子ども』（大阪市教育研究所編，1971）という小冊子が発行される。この冊子も堀川が執筆している。

ここで堀川は，今後の公害教育の方向性を示している（大阪市教育研究所編，1971，72-78頁）。「公教育を担当する私たちは無意識ではあるが，加害者側に立ち，あるいは公害の補強者としての役割を果たしてきた」とし，「科学技術とこれにより生み出され発展する産業を無条件に肯定し，これを誇りとし，この恩恵に感謝することのみを一方的に強調する教育を行ってきた」と，教師の加害者性を指摘する。そして，公害教育の課題は，第1に「公害による人権侵害の事実を正しく子供達に考えさせ，人権の尊さを学ばせること」，第2に「主権者意識・自治意識・連帯意識の育成」，第3に「将来の社会像・人間像を子どもたちに考えさせること」，第4に公害の「因果関係・補強要因を科学的に追及させることを通して，子供達に科学的な判断力・実践的態度を育成すること」だと述べている。

写真3-4　大阪市教育研究所編『公害と子ども』（筆者撮影）

堀川は，基本的人権のためには住民運動が必要と考えている。住民運動は「活動を通じて，具体的に人権の尊さを確認し，自ら主権者意識・連帯意識を育てつつある」。また「公害行政や対策を進展させてきた原動力であり，民主主義的な新風を市民生活にふきこむ役割をも果たしている」（大阪市教育研究所編，1971，40-41頁）。

堀川は「子どもたちにより積極的に公害のもつ問題点や社会的矛盾を科学的に追及させ，ひとりひとりの子どもの福祉と学習権を保障し，人間環境の創造に立ち向かう民主的な人間教育にまで高めることが必要」と考えた。だからこそ「教師は市民であり労働者である。したがって，教育者としての自覚と責任において公害防止の住民運動に参加することは必要」（大阪市教育研究所編，1971，79頁）[16]と，教師に住民運動に参加することを求めるのである。

②公害に対する主体的な関心のよわさ

堀川は，教師に住民運動の参加を求めるのであるが，これは教師の意識とはかけ離れていた。教師を対象とした公害問題の意識調査（表3-1）では，「PTA・地域諸団体の協力により対策をはかる」が27.4％，「教職員組合の運動で対策を求める」は14.8％しかおらず，他方で「学校に関する公害問題の研究機関で対策を考える」が33.3％と受け身の姿勢が高率である。また，「保健教育の徹底充実をはかる」が54.0％，「教科における公害問題の指導を充実強化する」は17.0％と，公害教育よりも保健教育が意識されていたことが分かる（大阪市教育研究所編，1971，75頁）。

教師へ住民運動の参加を促す堀川の意図と，公害解決に対して受動的な現場の意識には食い違いがある。そして，堀川が意図する「公害を起こさない，許さない人間」を育成するための教育を実践しようとしても，現場では公害源を特定できないために，科学的な資料が足りず授業実践が難しいという，意識と資料の2つの矛盾を抱えていたのである。

では，子どもたちの意識はどうだったのであろうか。西淀川区の全小学6年生に行った，公害問題に対する関心と理解の調査（1970年10月）を見ても，児童の関心のタイプは，情緒的で共感的であるもの（「おそろしい，かわいそう」）が46％であるのに対し，「すすんで教えてもらう，調べる」という自主的な学習関心を持つものは9％しかなかった。また，公害

表3-1　公害問題への実践的対処の志向（西淀川区の小学校教師を対象にした意識調査）

質問項目	人数（人）	比率（%）
保健教育の徹底充実をはかる	73	54.0
公害問題に関する意識を高め，認識を深める	44	32.5
PTA・地域諸団体の協力により対策をはかる	37	27.4
子どもの心身への被害や影響を調査する	27	20.0
学校に関する公害問題の研究機関で対策を考える	45	33.3
教科における公害問題の指導を充実強化する	23	17.0
教職員組合の運動で対策を求める	20	14.8

（出所）『公害と子ども』（大阪市教育研究所編，1971）より作成。

の理解度も必ずしも高いわけではなく，「知的理解は非公害地域の児童と大差がない」（堀川，1974，46頁）。つまり，教師だけでなく児童の姿勢も受動的で，公害を理解していないという現状にあり，堀川が理想とする公害教育とは程遠いことが分かる。

③大阪市小学校社会科指導計画

1971年度後半から，大阪府・市両教育委員会が「公害に関する指導の手引書」をまとめており，堀川もその一員であるが（堀川，1968，3頁），この指導書はこれまでのところ入手できていない。しかし，1980年3月に発行された，大阪市小学校教育研究会社会科研究部による『大阪市小学校社会科指導計画第9次試案』には，公害を取り入れた授業案が掲載されている。それ以前の第8次試案と，第9次試案との間に見られる変化には，公害対策研究指定校での実践や，堀川の研究が影響したのではないかと推察される。

第8次試案（1972年3月）は，5年生の「工業のひずみや問題点」の単元の中で公害について触れているが，「石油化学工業関係の公害発生について重点的に扱い抜本的な対策を考えさせる」（大阪市小学校教育研究会社会

科研究部，1972，150頁）といった取扱いしかなく，西淀川公害についての記載は一切ない。

　しかし第9次試案になると，3年生の地域学習から公害が取り上げられるようになる。「工場と町の人びととのくらし」の単元で「公害問題は，加害者の責任とその対策が最も大切」（大阪市小学校教育研究会社会科研究部，1980a，50頁）と，加害者責任について明記されている。

　また，4年生では具体的な公害について学習するように指導している。「空気のよごれ」の単元にて「空気のよごれの原因は，工場から出る煙，車の排気ガスが原因」（大阪市小学校教育研究会社会科研究部，1980b，54頁）とあり，従来の工場からの汚染だけの学習ではなく，大阪の大気汚染原因の1つである自動車問題も取り上げるようなった。「ぜんそくや鼻炎など鼻，のどの病気が多いことから，地域ぐるみの運動や地域全体の取り組みの必要なことに関心を深めさせる」（同上，53頁）と，解決方法の1つとして，住民運動を記載している。また，公害病認定患者数を調べさせ，大阪市が公害病患者の認定を行っていることを学習させた。大阪市小学校教育研究会社会科研究部は，西淀川での大気汚染公害の問題を大阪市全体の問題としてとらえ，社会科教育の中に西淀川公害を組み込んだのである。しかしながらそこでは，大気汚染を引き起こす社会経済的な原因よりも，汚染があるという事実に焦点が当てられており，都市問題のひずみの1つとして公害がとらえられていたのである。

　なお，5年生の「公害とその対策」の単元でも，身近にある公害問題として「西淀ぜんそく」が言及されている（大阪市小学校教育研究会社会科研究部，1980c，72頁）。ただし，西淀川よりもむしろ「水俣」「四日市」の方が，より具体的に取り扱われている。

　また，新聞で話題になっていた小学校3年生の副読本『わたしたちの西淀川』（前出）も改訂され，西淀川公害の記述が組み込まれて，総合的な学習の時間の開始に伴う副読本の廃止に至るまで，西淀川区では公害につい

て学習されることとなった。

　④同和教育，外国人子弟教育，公害教育
　1972年の市教委の教育指針では，共通目標に「同和教育」「養護教育」「公害」「外国人子弟教育（在日朝鮮人子弟教育）」の4点を取り上げている。
　大阪市には，全国の在日韓国・朝鮮人の2割が居住しており，在日韓国・朝鮮人は高度経済成長下であっても失業率が高く住宅難も深刻で，国籍条項によって社会保障から排除され，子どもたちは教育を受けることがままならない状況に置かれていた（新修大阪市史編纂委員会編，1995，519頁）。
　部落解放問題について見ると，貧困や差別によって教育機会や就職機会の平等が妨げられており，当該地域の子どもで進学を希望するものが越境入学するという問題が発生していた。大阪府・市教育委員会が1968年に越境入学の実態調査をした結果，越境通学は大阪市内のいわゆる大学進学率の高い高校の周辺にある中学校に多かった。一方，越境生を送り出していたのは，被差別部落がある小・中学校がほとんどであった。越境生を受け入れている学校は，施設・設備が充実しており，校区に部落のある学校との格差が大きいことも明らかとなった。越境生を生み出した原因は，部落差別の表れであることと同時に，校区に被差別部落がある学校の教育条件が不備のまま放置されたことが問題とされた。[17]
　上記のように，公害問題は越境入学問題と同時期に，教育行政の課題として取り上げられている。公害によって教育を受ける機会が阻害されている状態が，部落解放問題や外国人問題と重なるところが多く，大阪市は人権を意識した教育をせざるを得ない状況にあったのである。
　教育指針では「人間尊重の教育を推進」することを掲げ，「公害が，人間の存在を脅かしつつある現状を直視して，失われた自然と人間性をとりもどそうとする内容を組み入れる」としている。人間尊重の教育のためには，「生活の中にある公害の事実に着目させ，公害の背景や要因，さらに

は公害をなくすることについて考える姿勢を育てる」と，公害の事実を自覚し，自分に何ができるかを考え，行動に移させることを推奨した。

同和問題についても，市教委は「日々の生活実態の中で不合理や矛盾をするどく見つめ，問題点を発見し，差別を見きわめ，みんなで考え，話し合いや討議によって課題を解決する方法をみいだす」教育を求め，教師に対し事実を知り，問題を見極める姿勢を要求した。さらに，市教委は「課題解決の過程でより質の高い仲間意識や連帯感が育成されなければならない」[18]とも述べている。

事実を知り，問題解決のために仲間で協力するという姿勢は，外国人子弟教育においても同じである。大阪市は部落差別や，在日外国人が多いという固有の都市問題を抱えていた。その都市問題に公害が加わり，それらの解決に教育面から取り組まざるを得なかったといえよう。

3　教職員組合の活動——西淀川公害裁判と公害教育

（1）大阪市教職員組合西大阪支部と西淀川公害患者と家族の会

西淀川公害に関する教職員組合の取り組みとして，長年にわたる西淀川公害裁判の支援，ぜん息児サマーキャンプといった被害を受けた子どもたちへのケア，授業実践の3点を挙げることができるだろう。

日本教職員組合は，毎年，教育研究全国集会（以下，全国教研）を開催しているが，1971年の第20次から「公害と教育」の分科会を発足させた。大阪教職員組合（以下，大教組）も，時を同じくして公害問題を取り上げるようになった（大阪教育文化センター環境教育研究会編，1996，32頁）。大教組による大阪教育研究集会（以下，大阪教研）の中に「公害と教育」分科会を立ち上げ，そこで大阪の公害教育の実践を報告し，その中から全国教研への代表が選出される仕組みが整えられた。

西淀川公害に関する報告は，1970年度から大阪教研にて毎年行われて

いる。1971年度には淀中学校の教諭であり大阪市教職員組合（以下，大阪市教組）の西大阪支部書記長でもあった小川和治が，「西大阪における公害と教育と住民運動」を発表し，全国教研で発表するレポートとして選出されている。ここで小川は，淀中学校の社会科の授業や，出来島小学校の社会科における公害教育の取り組みなどを報告しているが，1971年は出来島小学校と淀中学校が教育委員会による公害対策研究指定校となっており，そこで行ってきた実践を報告していると考えられる。[19]

写真3-5 壇上の浜田耕輔
提訴を決定した患者会臨時総会にて（1977年8月7日）。『西淀川公害をなくせ』（本文参照）を掲げる。

1972年には分科会で3回の研究会が開催され，「西淀川の公害患者組織化の運動」（10月25日，浜田耕輔）の報告がなされている。浜田耕輔は西淀川在住の公害認定病患者で，当時は淀川区の加島小学校の教諭であった。1973年9月には患者会会長となっており，大阪市教組と公害反対運動の連携が取りやすい状況となった。

1975年になると「運動会ができた」「ボラもつれる」「キンモクセイの花が咲いた」と汚染状況が変化してくる。そのため，「公害に対する感覚が鈍ってきていること，公害認定患者をめぐって，『公害病じゃない』という偏見が生まれていることなど，住民運動が停滞し，広がっていない状況」[20]が課題となってくる。

そのような中で，大教市教組の西大阪支部は，積極的に西淀川公害裁判の支援を行う。1976年度には西大阪支部と患者会が協力して，パンフレ

ット『西淀川公害をなくせ』を作成し、そのパンフレットを授業に使用したことを小川が報告している。1977年度には西口勲が「理科クラブによる公害調査及び西淀川ぜん息児サマーキャンプのとりくみ」を全国教研で報告している。ぜん息児サマーキャンプは、ぜん息児の水泳訓練や生活習慣の改善に取り組む夏休み中の合宿で、医療機関と教職員組合、患者会が共同して1975年から実施している。

教職員組合にとって、ぜん息児サマーキャンプの実施にかかわることは、「公害に負けない体力づくり」を、より実効性があるものに高めたという意味を持つ。公害対策研究指定校にて、ぜん息児の健康増進のためには体操やうがいなどの日々の積み重ねが有効であるのにかかわらず、それらが実践されないことが課題となっていた。サマーキャンプは通常の授業では指導できない、ぜん息児の日常の生活態度を改善させる取り組みであった。目の前にいる子どもたちのぜん息をよくするために、医療機関と連携して、教育者として、ボランティアで子どもを指導していたのだ。自分たちができる住民運動の1つの実践として、ぜん息児サマーキャンプを実施したといえよう。

1978年は西淀川公害訴訟の提訴の年であるが、1979年度の全国教研で、西口が大阪代表として訴訟の報告を行った。その後、1982年度の大阪教研では、福小学校の三島里枝が「子どもの健康についての調査」と題して報告を行った。三島は、1981年に府医師会学校医部会が行った調査報告で、二酸化窒素と健康被害の関連が指摘されたことを紹介している。二酸化窒素は自動車から排出される大気汚染物質である。この時期になってようやく、自動車の大気汚染が目に見える形になったのである。

（2）教職員組合の分裂と裁判支援

大阪市教組は西淀川公害裁判を継続して支援していくが、1990年から教職員組合が分裂してしまい、日本教職員組合（日教組）と全日本教職員

写真3-6　ぜん息児サマーキャンプ（1983年頃）

組合（全教）の2種類の全国教研が行われることとなる。大阪教研も2つの系統に分かれた。そして，日教組系の大阪教研では，西淀川公害の報告がされなくなってしまう。

　大阪教研の「公害と教育」分科会を担っていたメンバーは，全教に属していた。全教系の大阪教職員組合は，西淀川公害訴訟のサポートを続けることとなる。

　全教系の大阪教研では，西口が西淀川公害の裁判及び授業の実践報告を行っていた。公害訴訟解決後の1996年度になってから，西口以外の教師も西淀川公害を授業に取り上げるようになった。1996年度の大阪教研では，西成区の萩ノ茶屋小学校で行われた西淀川公害に関する授業に，裁判によって集められた資料が使用されたことが報告されている。あおぞら財団設立後は，あおぞら財団と共同による西淀川公害の教材開発や，公害地域再生の取り組みの報告がなされた。また，ESD[21]の活動をあおぞら財団と共に行った姫里小学校の天野憲一郎の報告が2009年度の全国教研のレポートに選出されている。

　日教組系の大阪教研で，西淀川公害が再び登場するのは，20年後の第

59次（2010年）教研でされた，大阪府立西淀川高等学校の辻幸二郎の「普通科高等学校でのESDの取り組み」の報告である。ちなみに，この実践もあおぞら財団と共同した事例であった。

4　被害から出発した西淀川の公害教育

（1）「官製公害教育」と教職員組合

　公害教育を理論的に引っ張ってきたのは，藤岡貞彦である。藤岡は，1971年の第20次全国教研「公害と教育」分科会で各地の報告を受けて，公害教育の動向について執筆している。

　藤岡は，1970年以前に取り組まれてきた公害教育として，沼津工業高校による沼津・三島コンビナート反対運動，熊本水俣病，四日市公害，富士市の取り組みなどを紹介している。全国一の大気汚染といわれた西淀川の公害教育は取り上げられていない。また，この分科会では大阪の代表として，堺コンビナートによる汚染に取り組む高石市の事例が報告されており，西淀川公害に関する事例報告はない。

　四日市では，1964年から市立教育研究所の公害学習研究も始まったが，「公害学習が当初の『公害に負けない体力づくり』の方針から科学的究明へふかまっていくにつれ，市長の『公害教育は偏向教育だ』との発言によって公刊寸前に市立教育研究所の報告書もさしおさえられた」。公害教育がままならない状況から，「67年4月には三重県教委三泗支部公害対策小委員会が設置され，公害特別教研もはじまり，組合の力で副読本編集に取り組むこととなった」（藤岡，1971，530頁）と，教職員組合の運動で公害教育が実現したことを高く評価した。

　藤岡は，「教室の公害授業は，まず公害を肌で感じさせる教育が基礎だ。教師が公害反対の活動を積み重ねてはじめて，教育実践に結びつく」（同上，532頁）と，教師に公害反対運動への参加を求めた。そして，「自然科

学の教師の調査活動と学習活動」に希望を見出し,「日本の産業構造を解明し,なぜ公害が必然となったのかについての社会科学の力量も不可分に要請されている」と述べた(同上,540頁)。教師の科学的分析力によって,地域の公害運動をけん引していくという形を推奨したのである。

しかし実際には,藤岡が望むような公害教育は難しかった。藤岡は,熊本の水俣でも「積極的な活動をつづけてきた部員は,残念ながら数名にすぎなかった」し,「全国の注目を集めた富士でさえ,すべての教師が立ち上がっているわけではない」と,反対運動に参加する教師が少ないという現状を指摘する。また,「官製公害研究会が教委側から組織され,四日市のカリキュラム官製化状況に似てきた」(同上,533頁)と憂いている。四日市の官製公害教育の内容は,「市教委『公害教育』の立場からの作文指導や『公害に負けない体力づくり』」(同上,538頁)であった。

日本教職員組合の研究所である国民教育研究所がまとめた『公害学習の展開』は,藤岡や福島達夫らが中心となって編集したものである。ここでは,官製公害教育の問題点について,「公害発生の原因と責任を明確にしないまま,"経済活動の大規模化"や"科学技術を駆使した人間の活動"に原因を求め,結局一人ひとりの"心がまえ"に解決を求め,国や自治体の『対策』に協力させる態度を養う」(国民教育研究所編,1975,81頁)と述べられ,原因と責任を明確にせずに,個人の心がけに公害を収束させようとした点が批判されている。

また,公害に負けない体力づくりについても同様に「子どもたちの中に,乾布マサツやうがいによって公害の被害はふせげるものだという認識がそだっていき,『公害にまける子はだめな子だ』とか『からだの弱い子に産んだかあちゃんが悪いんだ』と公害におかされる原因を,自分の努力不足・心がけ,体質の問題と考え,本当の原因から目がそらされてしまった」(国民教育研究所編,1975,138頁)と,被害の原因を個人的な理由に求めようとする意図が批判された。

（2）被害からの出発

　西淀川の公害教育は，住民運動に参加するという点で藤岡が推奨する公害教育と一致するが，全く同じではない。西淀川の大気汚染は複合大気汚染であり，大気汚染の因果関係が明確になりづらい公害である。新産業都市のようなコンビナートでないために，工場が集積されておらず，どの工場からの排煙が汚染を引き起こしているのかが不明な上に，1970年の時点では自動車排ガス公害と健康被害の因果関係が明確化されていない。西淀川公害は汚染源が広範囲に分散しており，公害発生源を特定する調査を，小学校や中学校教師の手で分析して解明するのは無理である。

　ただ，西淀川では現場の教師が発案して子どもたちの健康調査を行っており，公害病認定がされる前にぜん息児童およびぜん息様児童まで把握していた。西淀川では被害を正面から受け止め，原因が分からなくとも，現状を改善するためにできるところから住民運動を繰り広げていく形を取ったといえるだろう。

　西淀川のこれまでの公害教育は，行政機関よりも先に学校が中心となって実践してきた。学校が自主的に進めてきた公害教育は，ぜん息児の保健教育に比重がおかれ，公害に苦しんでいる子どもたちの病状の把握や学校環境の改善を実践したのである。一方，「官製」といわれる教育委員会や行政主導の公害教育は，保健教育よりも人権意識を高めることを重視した。そして，子どもたちへは住民運動の参加の重要性を説き，社会を構成する個人としての当事者性を自覚して，問題を見抜き，問題を解決するために発言する市民となることを求めるのである。

　つまり，西淀川の公害教育は四日市のように行政側の「官製公害教育」と，現場の「教職員組合」の対立という形で語ることができない。西淀川で子どもたちが公害を自覚できなかった理由は，官製教育によって公害の原因と責任から目をそらされていたわけではない。体力づくりにおいても，子どもの惨状を見て止むにやまれぬ対策であり，原因を隠そうとする意図

のもとになされたものではない。それよりも，公害の只中にいるにもかかわらず，公害被害の自覚が乏しいという困難に，学校現場も行政も挑んだのである。地域外から通勤してくる教師にとって西淀川の公害のひどさは，火を見るより明らかであった。しかし，公害の中にいる人たちにとっては日常であり，公害は自覚されなかった。子どもを含めて地域の人たちが公害を認識しなければ，公害対策も予防も治療も自ら行動するようにはならない。公害の状況を改善したい，子どもの病状も改善したいという教師の思いが，西淀川の公害教育をつくっていたのだ。

　公害の原因が複数あり判然としないけれども，被害だけがあることが明確な西淀川の事例は，他地域の公害教育とは違う方向性を持っていたといえるだろう。

5　地域再生と公害教育

（1）あおぞら財団による公害教育・環境学習の取り組み

　西淀川公害裁判の和解金を基金として1996年に設立されたあおぞら財団では，「公害を伝えてほしい」という公害患者の思いを伝えるべく，公害教育・環境学習に取り組むこととなった。この公害教育・環境学習とは，学校教育に限定した活動ではない。

　まずは，子どもをはじめとした住民が，地域を調査しながら学ぶ「まちづくりたんけん隊」を行った（宗田ほか編著，2000）。この取り組みは，参加型学習をベースとしたものであった。そこから派生して，子どもがまちづくりに参画できるようにと，西淀川で活動する学童保育所やガールスカウトと協力して西淀川子どもエコクラブを結成し，子どもができる環境調査を続けている。

　次に，学校教育に関しては，2002年から導入されることとなった総合学な学習の時間のために，1998年から現場の教師と「西淀川公害に関

する学習プログラム作成研究会」を立ち上げ，公害の教材を作成することとなった。公害学習パネルやビデオ，まちしらべを小学校で取り入れるためのパンフレット，交通環境教育のための大気汚染ブロックや，フードマイレージ買物ゲームなど，多くの教材を開発して提供した（片岡，2007，95頁）。このようなあおぞら財団の環境学習は，地球温暖化問題の高揚などと相まって人気を集めた。

また，あおぞら財団付属西淀川・公害と環境資料館（エコミューズ）では，西淀川公害裁判および住民運動の資料の収集整理や，所蔵資料を活用した公害反対運動の研究支援，公害を学ぶ視察や研修の受け入れを行っている。人材育成の面でいえば，地域再生を試みる場としてあおぞら財団が多くの大学研究室やゼミに活用され，経済学や工学，歴史，教育，法律など多分野の学生が学び，社会へ巣立っている。

これらの活動を通じて，あおぞら財団の環境学習に携わる人や団体，学校が増えてきた。そこで次の段階として，環境省の国連ESDの10年モデル地域となり，小中高大学と地域をつなぐ西淀川菜の花プロジェクトを立ち上げている。この取り組みは，現在もあおぞら財団がコーディネーターとなって，振興町会（町内会）と連携して廃油回収を行い，まちづくりと教育が連動した形で実践されている。

（2）公害教育に期待されるもの

あおぞら財団の取り組みが一定の成果を収める一方で，地域での公害教育の需要が少なく，公害患者と行っている出前授業や資料館の利用，公害に関する教材の貸出は伸び悩んでいた。そこで，それまで教材開発やこどもエコクラブなどあおぞら財団の公害教育・環境学習にかかわった人たち，またあおぞら財団評議員で環境教育の専門家である高田研と，公害教育の「需要拡大」を阻む要因について話し合い，2つの改善点を明らかにした（林，2009，2010）。

1つは,「公害を教えるにも公害を知らない」「残されている課題は何か」「全国的な動きが見えないと公害教育をする意義が見えないのではないか」という点であり,全国の公害地域の現状を知ってもらう必要性が浮かび上がってきた。

もう1つは,「被害者の声だけだと,どうやって公害を克服したのかがわからない」「行政,企業,教師,ジャーナリスト,医者など,仕事としてどのように取り組んで解決したかを知ることができれば,これから学生が仕事をするときに,困難を乗り越える姿勢を学ぶことができるのではないか」という点である。すなわち,公害克服の努力を学ぶことは,仕事や住民としての心得を知る教材となるのではないかとの提案であった。

この指摘された要素を含めて行ったのが,公害展示パネルの作成と,公害地域の今を伝えるスタディツアー(以下,スタディツアー)の2つである。

展示パネル『公害 みんなで力をあわせて——大阪・西淀川地域の記録と証言』は,「西淀川公害」「西淀川住民」「患者」「国と自治体」「公害患者会」「学校」「医者」「ジャーナリスト」「地元企業」「弁護士」「学者」「公害地域再生」といったテーマ別で作成され,立場を異にする人たちがどのような努力を行ってきたのかを可視化した。[23]

この展示パネルの学びを,フィールドワークで実施したのがスタディツアーである。大学生や教育関係者など,公害の専門知識を持たない人たち約50人が現地に3泊4日して,当事者や公害の担当者から話を聞き,現地へ提案をする参加型学習である。[24]

(3) 公害教育を通じた協働の可能性

スタディツアーは,2009年に富山のイタイイタイ病,2010年に新潟水俣病,2011年に大阪・西淀川の大気汚染,をテーマとして実施した。参加者は,事前学習会への参加と事前レポートを書き,基本的事項を学習した。これは,基本的な事項を現地で学習するのではなく,それをふまえた

上で，生の声を聞くことを重視したからである。

　公害裁判の被告企業に対するヒアリングは，軒並み断られるという困難があった。たとえば，イタイイタイ病を引き起こした神岡鉱業へは，企画委員が現地へ出向き，直接話し合い，被告企業を非難するために行うのではなく，教育が目的であると理解してもらったことで，ヒアリングが可能となった。

　参加者は多様な立場の人たちからヒアリングすることによって，立場によって見えているものが違うことを知り，立場を超えて対話をする難しさ，今も現地に公害の課題が残っていること，その解決の道のりが遠いというもどかしさを体感することとなった。そして，現在も反対運動が続けられていること，問題がなかなか見えにくいけれども現地に来て見えるようになったなど，過去のものと思っていた公害が，現代を生きる我々の問題であることを自覚した。参加者は，企業や行政の話を聞けば聞くほど，直接的に汚染を軽減して監視するのは科学技術であったとしても，それらが運用され，観測が続けられるのは，住民の監視があって成り立っていると気付く。被害の実態や，汚染の現状を見て参加者は，公害が起きた後の処理の大変さ，予防の大切さを知り，当事者として行動することの意味を実感するのである。

　スタディツアーの企画委員であった西村仁志（2010）は参加者の変化について「学習意欲や姿勢が見違えるようになった」上に，「別の公害問題や現場などを意識する発想が生まれてきた」と評価した。学生と社会の距離感が近くなる効果があったといえる。

　ヒアリングを受け入れた現地の人々の変化もあった。まず，参加者が事実関係をふまえて臨んだおかげで，ヒアリング対象者の話が理解しやすくなっており，参加者と会話のキャッチボールができる状況になった。公害の話は，歴史的な背景や地理的な条件などが複雑に入り混じっており，そのことを理解せずに語り部の話を聞くと，何を話しているのかが分からな

いということになる。結局は概要を当事者が説明することになってしまい，せっかくの当事者の息遣いや被害の苦労，運動の困難など人柄を通じて伝える部分が欠けてしまう。またヒアリング対象者も，参加者とのやり取りがないと，自分が話す価値が見いだせず，満足が得られない状態となることが多い。事前勉強会を開催したことで，その状況を未然に防ぎ，ヒアリング対象者は「公害を伝える」手ごたえを感じることとなった。

　被告企業へのヒアリングでは，これまで聞いたことのない話を聞くこととなった。新潟水俣病を引き起こした昭和電工のヒアリングでは，原因工場の跡地で操業する関連企業の「撤退は考えていない」との発言を聞いた。このことを被害者や支援者へ伝えたところ，大変な驚きをもって受け止められた。西淀川では，裁判当時の神戸製鋼の法務担当者の山岸公夫から，被告企業が共同事務所を開設していたことや，西淀川公害訴訟をイデオロギー闘争だととらえていたこと，和解は担当者にとって「はしごを外された」状態であったことが語られた（第Ⅱ部3参照）。これらは，これまでの反対運動型の交渉では，見えてこなかった企業の側面であった。

　ツアー後に現地で関係性の変化が起こっている。あおぞら財団では，菜の花プロジェクトへの参加や研修受け入れ協力などを通じ，被告企業との間で，顔が見える関係になり協働できることが増えてきた。富山でも，2012年にオープンした富山県立イタイイタイ病資料館が主催して，「イタイイタイ病を学ぶ日帰りバスツアー」を実施し神岡鉱山を訪問している。教育というアプローチは対立の壁を越えて，協働の可能性を生み出しつつある。

　公害は，同じ条件の中で暮らしていても病気が発症するか否か，症状の重い・軽いがあり，地域住民であっても公害の実態が理解されないことが多い。また，同時代を生きてきているからこそ，自分が見てきたことのみが真実と思いこみやすい。それらの立場を否定や非難をするのではなく，耳を傾けて，お互いの意見を聞く場として，教育は機能するのである。公

6　小括——西淀川の公害教育とまちづくり

　西淀川公害は教えにくい公害であった。被害があることは分かっているが，原因が分からないために，「悪者」が見えず，起承転結が見えづらい。学校現場の教師たちは目の前にある被害の問題を解決するために，独自に調査を行う体制を築いていく。行政や教育委員会が動くのを待つのではなく，現場が動くのである。その働きが行政や教育委員会を動かし，公害対策研究指定校や指導案につながっていく。また，都市問題の1つとして公害教育を取り上げたところに西淀川公害の独自性があるということができる。

　教職員組合が継続して患者会運動を支援し，住民運動に参加し，公害の情報と現場の教師がつながり続けたことの意味は大きい。そこには，1978年から公害訴訟が始まり，一次訴訟の原告112人のうち，西淀川区在住の幼児や小学生，中学生が7人もいたことによって，裁判の当事者意識を教師が持ちやすかった，という背景を指摘することはできるだろう。

　子どもの原告の1人，永野猛則は出来島小学生の4年生だった1979年に亡くなった。母である永野千代子は患者会運動と裁判の継続に悩み，出来島小学校の校長に相談する。校長は運動の継続が子どもへの供養となると説き，運動を続けるきっかけとなったと語っている[25]。また，PTAのメンバーが行っていた永大石油鉱業の反対運動に教師が参加するなど[26]，学校現場には被害者運動や住民運動への理解と協力があり，その理解が住民運動への拒否反応を緩和して，まちの雰囲気を作っていく1つの要素となったことは想像に難くない。住民や子どもたちが公害を自覚することが困難ななかで，教師が地域に公害があることを教え，公害反対運動や住民運動を肯定したことは，公害と運動への偏見を和らげることに一役を買ったと

第3章　西淀川の公害教育

いうことができるだろう。

　直接的な要因とはいえないが，西淀川の公害教育が公害の理解を地域に広げ，住民運動への理解を示し続けたことは，患者会が住民運動として工業専用地域指定の反対運動を行い，「環境再生のまちづくり」を打ち出していく動きの後方支援をしたのではないだろうか。そして，あおぞら財団が中心となって現在も公害教育が実践されている。まちづくりと教育を重ねた形で実施してきた西淀川の公害教育は今も生き続け，息の長い取り組みとなったといえよう。

写真3-7　被害を訴える子どもの原告
2次訴訟提訴前夜集会にて（1984年7月6日）

注
(1) 新潟県立環境と人間のふれあい館（新潟水俣病資料館）の展示では，当時実名で報道された患者の氏名を伏せ，顔写真にはぼかしが掛けられている。それは公害患者への差別や偏見が現在においても激しく，公害患者であることをカミングアウトする困難を表している。
(2) 荒木メモ（西淀中学校資料 No.158，公害地域再生センター付属西淀川・公害と環境資料館所蔵）。ただし，1968年3月19日付の『サンケイ新聞』によると大阪市立中学校校長会を代表して参加したとある。
(3) 「新しい課題　学校公害」『サンケイ新聞』1968年3月19日付。
(4) 「教育／亜硫酸ガスに包まれて／むしばまれる生徒の健康／ノドや目に異常半数がへんとう腺肥大　大阪・西淀中」『リンケイ新聞』1968年11月5日付。
(5) 河上民雄は1969年3月5日の衆議院産業公害対策特別委員会にて「遠くから通っておる先生は，西淀地区の大気汚染のひどさを日々感じているにもかかわらず，学童はあまり感じていない。そのなれというものが非常に憂慮すべき」と発言した。
(6) 「公害にはかない"自衛"　西淀川区出来島小／寄付求めやっと酸素　ゼンソクにただうがい励行」『朝日新聞（大阪市内版）』1968年11月29日付。

99

(7) 「保健主事　公害調査に乗出す／西淀川　教え子の健康を守れ／ゼンソクなど中心に月末から　家庭の自衛策も探る」『朝日新聞（大阪市内版）』1969年11月10日付。
(8) 同上。
(9) 大阪市小学校教育研究会西淀川支部保健研究部『ぜん息様症状児童調査』1970年（大阪市教育センター図書館所蔵）。
(10) 注(7)。
(11) 大阪市教育研究所は，大阪市が1940年に大阪市教育の各種施策を立案するための調査研究を行う機関として開設した。現在は大阪市教育センターとなっている。
(12) 公害地域以外の学校に勤務する教師は7000円であり，公害地域の教師はさらに2000円の加配となった。この補償は，困難な条件を持つ公害地域の学校の，教師の実践研究に対するものであった。その後，大阪市教組の運動によって，加配が2000円から3000円に増額されている。大阪市教組は，公害地域に勤務する教師が定員不足と大気汚染による健康破壊という二重の重荷を負って働いていると主張している（小川・浜田，1974）。この加配には，公害地域で勤務する補償も含まれていたのかもしれない。

1971年1月の大阪市教育委員会委員長および大阪市PTA協議会会長の「府費負担教職員の定数の適正化と勤務条件などの向上に関する陳情書」（大阪市公文書館所蔵）には教職員定数について「同和教育推進校，外国人多住地区，スラム地区，公害地区等の学校における教育効果をたかめるため，学級編成基準の引き下げ措置と併せて，教職員定数の大幅な増加配当を行われること」と記載されている。また，「公害地区，外国人多住地区，スラム地区周辺地区などの学校に勤務する教職員に対して給与上の優遇措置を講ぜられること」とあることから，公害地域は同和地区・外国人多住地区・スラム地区と同列に扱われており，教育困難ゆえの優遇措置が望まれていた様子が分かる。理由として「公害地区校については，大気汚染のため疲労度がはげしく，咽喉の疾患が多い傾向にあるため，担当授業時間数の軽減をはかるための定員数増を要望するものである」とあり，教師の健康被害に対する措置が図られていたといえよう。
(13) 「ゼンソクに悩む子もう放置できぬ／大阪市の先生，立ちあがる／公害教育しよう　教科書にナマの声」『毎日新聞』1969年6月13日付。
(14) 大阪市立大和田小学校『昭和46年度　公害（主として大気汚染）の影響について』（大阪市教育センター図書館所蔵）。
(15) 大阪市立出来島小学校『昭和46年度　公害に関する学習指導計画──社会・体育（保健）・道徳』（谷智恵子弁護士資料No.76，公害地域再生センター付属西淀川・公害と環境資料館所蔵）。
(16) 堀川は住民運動への参加を促してはいるが「学校の教育活動と住民運動とは，

明確に区別しなければならない。特に公害問題の指導では、教師個人の世界観や政治的立場を一方的に注入することがあってはならない」（大阪市教育研究所，1971，79頁）と注意が添えられている。
(17) 大阪市教育委員会『教育必携』2005年，44-46頁。
(18) 1974年度大阪市教育指針。
(19) 公害対策研究指定校時に出来島小学校教諭だった押川マス代氏への聞き取り（2012年1月6日）では、教職員組合の方針と公害対策研究指定校での実践による主張の違いを感じることはなかったとのことであった。
(20) 『第25次全国教研報告書　公害と教育』大阪発表レジュメ（教育図書館所蔵）。
(21) 持続可能な開発のための教育（Education for Sustainable Development）とは、持続可能な社会を作るために、行動できる人材を育成する教育である。環境、人権、健康福祉、多文化共生、まちづくりなどをテーマとして、NGO・NPO、学校、企業などが行う持続可能な社会づくりに向けた人づくりにつながる全ての活動を指す。地球環境問題、貧困、紛争などさまざまな課題を解決するためには人づくりが重要として、2002年のヨハネスブルグサミットにおいて日本が「持続可能な開発のための教育の10年（ESDの10年）」を提案し、同年の国連総会にて、2005年から2014年までの10年間をESDの10年とする旨の決議案を提出、満場一致で採択された。これを受け、環境省が「国連持続可能な開発のための教育の10年促進事業」の実施地域を募集し、西淀川地域は全国14地域のESDモデル地域の1つとして選定された。
(22) 環境省国連ESDの10年促進事業，http://www.env.go.jp/policy/edu/esd/index.html（2012年5月7日閲覧）。
　　環境省総合環境政策局環境教育推進室『地域から学ぶ・つなぐ39のヒント』2009年，4～5頁，http://www.env.go.jp/policy/edu/esd/documents/39_j.pdf（2012年5月7日閲覧）。
(23) 『公害　みんなで力をあわせて――大阪・西淀川地域の記録と証言』，http://aozora.or.jp/kougai_panel/kougai_panel.htm（2012年5月7日閲覧）。
(24) 公害地域の今を伝えるスタディツアー，http://www.studytour.jpn.org/（2012年5月7日閲覧）。
(25) 公害地域の今を伝えるスタディツアーでの永野千代子氏聞き取り，2011年8月9日，http://www.studytour.jpn.org/osaka3_hearing14.html（2012年5月7日閲覧）。
(26) 注(19)。

参考文献
大阪市教育研究所編（1971）『公害と子ども――研究と指導の手掛かりに』（教育新

書 7）大阪市教育研究所。
大阪教育文化センター環境教育研究会編（1996）『大阪の環境教育　公害・環境教育の 25 年』清風堂書店。
大阪市小学校教育研究会社会科研究部（1972）『大阪市小学校社会科指導計画（第 8 次試案）』。
大阪市小学校教育研究会社会科研究部（1980a）『大阪市小学校社会科指導計画（第 9 次試案）第 3 学年』。
大阪市小学校教育研究会社会科研究部（1980b）『大阪市小学校社会科指導計画（第 9 次試案）第 4 学年』。
大阪市小学校教育研究会社会科研究部（1980c）『大阪市小学校社会科指導計画（第 9 次試案）第 5 学年』。
大阪市立大和田小学校（1970）『研究発表紀要　公害対策研究指定校　昭和 44 年度』大阪市立大和田小学校。
大阪市立大和田小学校（1971）『研究発表紀要　公害対策研究指定校　昭和 45 年度』大阪市立大和田小学校。
大阪市立大和田小学校（1972）『研究発表紀要　公害対策研究指定校　昭和 46 年度』大阪市立大和田小学校。
大阪市立出来島小学校（1971）『研究発表紀要　公害対策研究指定校　昭和 45 年度』大阪市立出来島小学校。
大阪市立出来島小学校（1972）『研究発表紀要　公害対策研究指定校　昭和 46 年度』大阪市立出来島小学校。
大阪市立西淀中学校健康教育部（1968）『公害調査のあゆみ（主として大気汚染について）1 年次』。
小川和治・浜田耕助（1974）「西淀川区における公害の現状と教育と住民運動」大阪教職員組合『大阪の公害と教育』。
片岡法子（2007）「地域の環境再生と環境診断マップづくり」石川聡子編『プラットフォーム環境教育』東信堂。
国民教育研究所編（1975）『公害学習の展開』草土文化。
新修大阪市史編纂委員会編（1995）『新修大阪市史』第 9 巻，大阪市。
西村仁志（2010）「企画者側の評価 2009 ツアーをふりかえって」財団法人公害地域再生センター『公害地域の今を伝えるスタディツアー――富山・イタイイタイ病の地を訪ねて』。
林美帆（2009）「西淀川公害パネル完成」財団法人公害地域再生センター『あおぞら財団年次報告書』第 12 号。
林美帆（2010）「公害地域の今を伝えるスタディツアー 2009」財団法人公害地域再生センター『あおぞら財団年次報告書』第 13 号。

藤岡貞彦（1971）「公害と教育」日本教職員組合編『日本の教育　第20集』日本教職員組合。
堀川和雄（1967）「騒音を主とした学校環境の調査研究」『研究紀要』（大阪市教育研究所）第97号。
堀川和雄（1968）「学習環境と都市騒音に関する調査研究——騒音の現状とその影響について（第2年次）」『研究紀要』（大阪市教育研究所）第103号。
堀川和雄（1970）「学校における公害の実情」『教育大阪』（教育大阪友の会）第223号。
堀川和雄（1973）「公害と学校教育に関する研究——大気汚染地域の児童の実態調査から」『研究紀要』（大阪市教育研究所）第125号。
堀川和雄（1974）「都市公害と子ども」指定都市教育研究所連盟編『都市の教育問題』東洋館出版。
宗田好史・北元敏夫・神吉紀世子・あおぞら財団編著（2000）『都市に自然をとりもどす——市民参加ですすめる環境再生のまちづくり』学芸出版社。

第4章

臨海部開発と地域社会
──フェニックス事業をめぐって──

松岡弘之

　本章は，廃棄物処分場設置をめぐる地域社会の対応を考察しながら，「環境再生のまちづくり」との接点を展望することを課題とする。具体的には，大阪湾広域臨海環境整備センター（以下，整備センター）が大阪湾内で実施している廃棄物の埋立処分事業・フェニックス事業をめぐり，主として計画が明らかになった1985年以降西淀川区内で取り組まれた反対運動やその後の経過をたどる。

　フェニックス事業とは，後述するように1981年6月に公布された広域臨海環境整備センター法にもとづき，82年3月に設立された整備センターによって実施される廃棄物の埋立処分事業をいう。計画登場にいたる大阪府内の廃棄物処理行政の展開過程については，黒田隆幸の検討がある。ただし黒田の視点は，府市現場職員の献身的・先進的な連携に注がれるあまり，地域で取り組まれた活動にほとんど注意が向けられない（黒田，1996，282頁）。一方，環境保全の立場から事業の問題性が批判される場合も，廃棄物問題を市民全体の課題に位置付けようとする関心こそあれ，それ自体が地域社会のありかたを解明しようとするものではない。[1]

　では，西淀川公害患者と家族の会（以下，患者会）を含む，計画への反対運動がまちぐるみで展開し，それが大阪全体へと波及したことをどう捉えるべきか。

　中村剛治郎は，1980年代終わり頃から臨海部の素材型重化学工業が，さらには今日，加工組立型産業もが合理化を進めて臨海部に遊休地が増え

第Ⅰ部　公害問題と地域社会

写真 4-1　整備センター大阪基地（著者撮影）

つつあるなかで，「環境再生のまちづくり」のためには，大規模産業開発になどの外来型開発ではなく，地域社会の再生を基礎とする内発的発展を組み込むことの必要性を指摘する（中村，2004, 324頁）。一方，近年歴史学でも社会運動史研究が活性化しつつあるが，広川禎秀は政治体制変革の運動を軸とした従来の分析の不充分さを克服するため，社会レベルでの民主主義の発展を展望する多様な社会運動の解明することの重要性を指摘する（広川，2012）。

　たしかに事業は今日も続き，西淀川区民のもっとも重大な関心を呼んだ沖合埋立地への搬出基地・大阪基地（西淀川区中島1丁目）も1992年に開設したことをもって，一連の運動は結果的に実を結ばなかったとみることもできる。だが，西淀川区内ではほぼ同時期に工業専用地域の指定反対運動が取り組まれており（第1章），複数の住民本位のまちづくりを志向する運動を総体として把握し，その到達点と課題とを今日にいたる「環境再生のまちづくり」の中に正確に位置付けていくことが求められよう。本章はフェニックス事業を対象に，こうした課題への接近を試みようとするもので

ある。

1　フェニックス計画の登場

(1) 計画の概要

　高度成長による大量消費の生活スタイルが定着するなかで，廃棄物処理問題は深刻さを増していた。各自治体は廃棄物処分場確保に困難を覚え，長期的展望にたった問題解決を国に期待するようになるなか，1976年，運輸省が廃棄物処分と土地造成を同時並行に進めることを目指し広域廃棄物埋立護岸整備構想を発表した。一方，廃棄物処分を主管する厚生省は翌77年8月に広域最終処分場計画を打ち出し，いずれも処理範囲の広域化を前提とした構想をあたためていた。[2]

　大阪府では1974年7月に府産業廃棄物処理計画を策定して，廃棄物の排出・処理事業者や処理施設に対する指導を行い，府内市町村と協力しながら苦情の処理にあたっていた。1977年度における大阪府内の産業廃棄物発生量は12319千tであり，これが中間処理により8676千tに減量される。このうち2040千tは再生利用されるものの，埋立処分は6060千t（発生比49.2％）で，海洋投棄されるものも576tに達していた。[3]これらを処理するため，府は大阪市と財団法人大阪産業廃棄物処理公社を設立し，74年2月以降，堺第七-三区埋立処分場（面積約280万m^2・容量約2440万m^3）で埋立を行った。なお，大阪市も北港地区（約209万m^2・約2500万m^3）で浚渫土砂等の埋立処分を行っている。[4]

　民間設置による最終処分場も1985年度までに埋め立てを完了すると予測されるものの，土地利用が進んだ内陸部に最終処分場を新規に確保することは困難と目されていた。1980年，厚生省生活環境審議会は最小限の海面埋め立てをやむを得ないとしつつ，埋め立て完了後の造成地は住民本位の利用をはかることなどを盛り込んだ答申を提出した。

1980年に運輸省と厚生省は広域廃棄物埋立処分場整備構想を発表し，東京湾・大阪湾圏域にそれぞれ1200ha・800haの埋立処分場を整備する方針を打ち出した。1981年に制定された広域臨海環境整備センター法は，その担い手となる整備センターを設立するための特別立法である。整備センターは対象区域内の地方公共団体の長，対象港湾管理者の長10名の発起で設立され，区域内で参加した地方公共団体とともに運営を行う。ただし，他の事務組合と異なり整備センターは議会を持たない。一方で，国は整備センターの実施計画の管理や監督権限を有するなど，責任の所在が不透明であり，また廃棄物処理問題を梃子に広域行政への道をひらくものでもあった。[5]こうした観点から国会では法案可決に際して，基本計画策定の際には地方港湾審議会・公害対策審議会・住民からの意見を聴取するよう整備センターおよび関係地方公共団体を指導することなどを含む7項目にわたる付帯決議がなされた。

　法の成立を受けて，1981年12月に兵庫県知事を理事長とする整備センターが首都圏に先駆けて設立され，翌82年3月に大阪市内に事務所を設け基本計画案の策定を開始した。同年8月には関連自治体により大阪湾広域処理場整備促進協議会も設立されて事業の推進を後押しすることとなった。[6]

　整備センターが基本計画案を取りまとめたのは1985年3月のことである。その骨子は次の通りである。近畿2府4県内159市町村（1983年時点の人口1763万人）で発生する廃棄物を泉大津市沖合および尼崎市沖合に埋め立て，港湾整備を図る。それぞれの埋め立て可能容量は，泉大津市沖合が203ha・3000万m^3，尼崎市沖合が113ha・1500万m^3である。以上の施設は1985年度から建設に着手し，1989年度からの6ヶ年で埋め立てを完了するとされた。[7]

　この沖合処分場への廃棄物の運搬は，沿岸部8ヶ所（大阪・堺・泉大津・加古川・神戸・尼崎・津名・和歌山，処理能力は一日4万9510t）の搬出基地まで

がトラックで，基地からはバージ船を用いて行う。このうち最も大きな処理能力（1万2000t）を持つ搬出基地とされたのが，西淀川区中島に設けられた大阪基地であり，西淀川区民は整備センターの基本計画案の公表により，初めてこの構想の具体像を知ることとなる。

（2）計画への懸念

以上のような廃棄物処理計画は海上に埋立処分場を設けることを含めて，多くの懸念や反対を引き起こすことになった。先に述べた整備センターがもつ広域行政としての責任の所在以外にも，多くの点が挙げられるが，行論との関わりで以下の3点を指摘しておく。

第1に，事業の趣旨である。処理を終えた廃棄物が埋め立てられ，土地として再生するさまはフェニックスにたとえられて事業名に冠され，廃棄物処理と土地造成とを両立させる利点ばかりが強調された。例えば，埋立地の1つとされた大阪府泉大津市地先は，埋立完了後，①海運陸送業などの進出をふまえ流通業務用地とする，②住工混在という稠密な土地利用を解消するため地場産業である毛布関連工場の移転を推進する，③水際線を有効活用した緑地を整備する，という3つの点から活用法が示されていた。だが，300haを超える広大な海面の埋め立てがわずか6年間で完了するとされたことで，事業は廃棄物処理に名を借りた土地造成にほかならないとみなされた。

一方，埋め立ての資材となる産業廃棄物は，1995年度において大阪府では2368万tが発生し，その最終処分量は804万tに達すると推計されていた。だが，実際の発生量は2038万t，最終処分量は342万tと半分以下にとどまったように（大阪府，1998），計画の見積もり自体が廃棄物減量化・資源化の取り組みを勘案しない過大なものであった。もっとも，廃棄物推計量に対する疑念は，当時から出されていた。だが，整備センターはこの数値について業種別・規模別に層化無作為抽出によるアンケート調査

第Ⅰ部　公害問題と地域社会

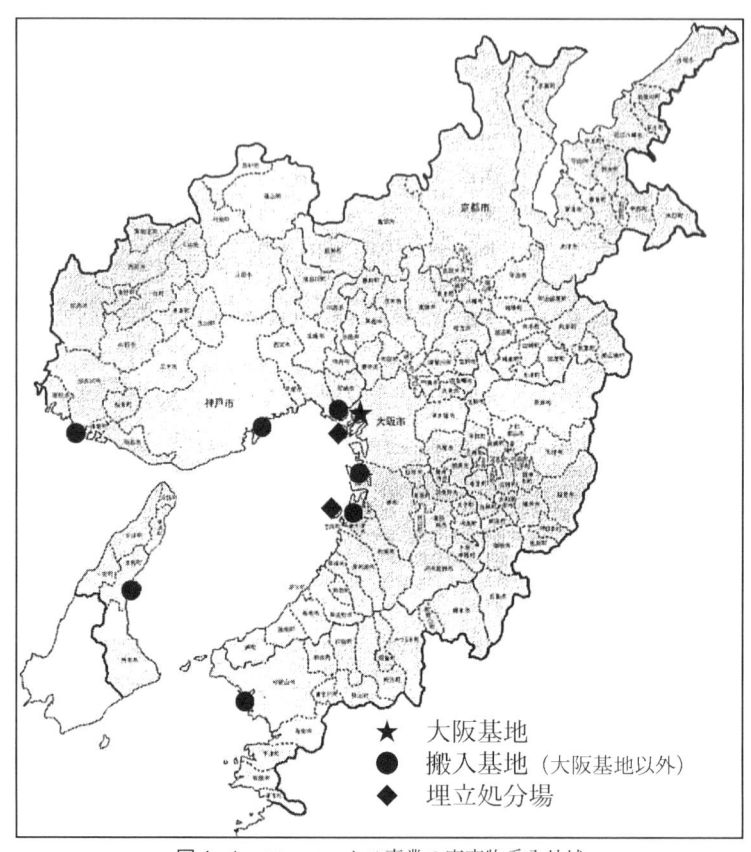

★　大阪基地
●　搬入基地（大阪基地以外）
◆　埋立処分場

図 4-1　フェニックス事業の廃棄物受入地域
（出所）　華谷（1990）掲載図を加工

を踏まえたもので，当該期間に想定される経済成長率を考慮しても批判はあたらないと真っ向から否定していたのである。

　こうした埋め立てを推進する姿勢は，1974年5月に瀬戸内海環境保全特別措置法第13条1項運用に関する「瀬戸内海における埋立ては厳に抑制すべき」という基本方針を無視したものであった。加えて，関西国際空港建設事業・南大阪湾岸整備事業，関西国際空港埋立土砂採取地での阪南丘陵開発事業など大規模開発の開始や，関西経済同友会の「コスモアイル

第4章 臨海部開発と地域社会

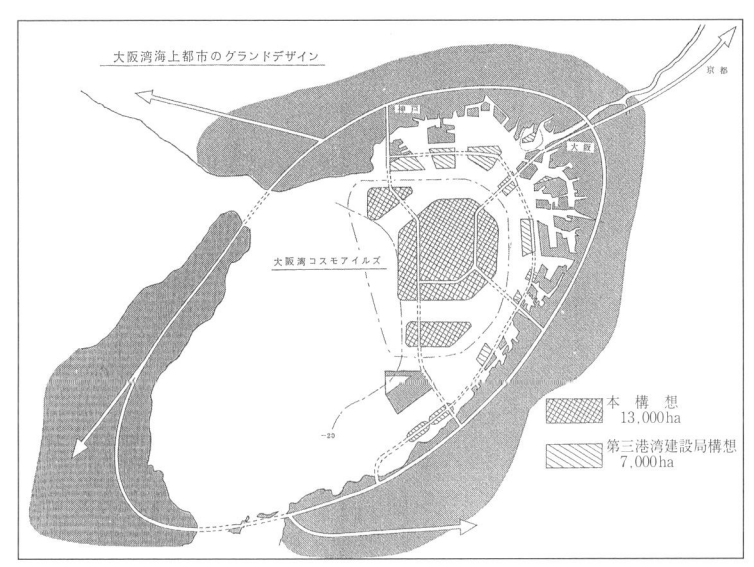

図4-2 コスモアイルズ構想
（出所）大阪から公害をなくす会資料 No.221

ズ構想」，国土庁の「すばるプラン基本構想」など産業界の要請を受け大阪湾全体を埋め立てる構想も登場していた。フェニックス計画はそれらの先駆けとして位置づけられた。

第2に，無害化が困難な資材を用いた埋め立てによってもたらされる複合的な環境破壊の問題である。搬出基地の候補地となった西淀川区内で特に関心を集めたのは，基地へと廃棄物を運び込む一日1200台のトラックであった。西淀川区の自動車排ガス測定局では，1983年度において窒素酸化物の環境基準（上限値0.06ppm）を半数近くが達成せず，旧基準（同0.02ppm）では達成箇所がなかった。浮遊粒子状物質も環境基準値を達成できず，高い汚染レベルが続いていた。また，トラックの騒音や，廃棄物の悪臭・飛散など，とりわけ搬出基地周辺部では様々な環境破壊がもたらされることとなる。これらは後述するように，西淀川区内における大気汚染公害をめぐる厳しい経験を無視するものとして，区内の反対運動で厳し

く追及されることとなったのである。

　第3に，事業への住民参加のあり方である。事業が扱う廃棄物は関西2府4県の住民から出される一方，沖合埋め立ての影響は広範囲に及ぶ。以上のような廃棄物処理に対する懸念・反対運動を，現況・将来予測・評価それぞれの局面で情報を公開し，影響を受ける住民の参加が求められたにもかかわらず，実際に開示される情報は部分的であり，そして与えられた検討期間はアセスメントも含めて短期間であった。1985年5月以降，事業者が説明会を開き，また環境影響評価準備書面のなかで安全性を強調するほどに，根拠となった数値には不都合な部分を隠蔽する統計的処理が施され，意図的な欠落が含まれるという反論が相次いだ。大気汚染問題や工業専用地域反対などの取り組みを通じて住民参加型のまちづくりを志向しつつあった西淀川区民には，こうした情報の非対称性をいかに克服し，廃棄物処理をどう位置付けるかが問われることとなったのである。

　以上の点を前提として，次節では1985年以降に展開した西淀川区内で展開した反対運動について患者会の動向を中心に検討することとする。

2　フェニックス計画と患者会

（1）取り組みの開始

　1985年5月16日，整備センターは大阪府知事に環境影響評価準備書を提出し，フェニックス計画の来春着工見通しが報じられた。この記事では，大野川緑陰道路の整備を訴えていた「西淀川区民の海岸造り推進会議」（代表・喜多幡龍次郎）が大気汚染の深刻化を招くと反対の意見を表明したように区内からも反対の動きが起こることとなるが，患者会はそのなかでどのような役割を果たしたのであろうか。

　6月1日に西淀川区で開催された区民向け説明会で，整備センターは大阪基地を中島地区とした経過を，大阪市の推薦と強い要請に基づくものと

第4章　臨海部開発と地域社会

表4-1　1985年における患者会・西淀川区内の取り組み

日付	事項
6月1日	センター説明会（会より14名参加）
5日	知事宛に反対意見書提出
13日	役員会が市長宛反対申入れ（7名参加）
15日	川北連合振興町会が知事へ反対申入れ
28日	基地予定地，此花基地調査（会より5名参加）
7月2日	対大阪市交渉（会員100名参加）
2日	西淀川区医師会が反対決議
10日	区長，市議三氏，川北連合振興町会が懇談
24日	中島基地設置反対西淀川連絡会準備会発足
25日	患者会，市及びセンター交渉で確認書を取る（150名参加）
30日	中島基地対区連絡会呼びかけ人会議（会より，浜田会長・足立），署名活動を始める。
8月6日	患者会のビラ35,000枚を新聞折り込みを行なう。
8日	患者会の一斉駅頭宣伝（会より92名，淀協支援46名）
9日	フェニックス中島基地設置反対西淀川連絡会結成総会（30団体50名，会より2名）
10日	フェニックス計画公聴会参加（会より1名）
29日	区連絡会で市，センターへ申入れ
9月3日	区連絡会一斉駅頭宣伝（会より20名参加）
6日	区連絡会，大阪府，市へ申入れ（会より1名）
27日	川北連合町会により住民大会
10月11日	センターの中島地域説明会
22日	フェニックス問題大阪府的対策会議発足
30日	区連絡会が大阪市環境保健局と交渉（参加40名，会より12名）
11月28日	区連絡会が環境庁ら省庁へ陳情団（参加6名，会より1名）

（注）表中「会」とは，患者会をさす。
（出所）西淀川公害患者と家族の会『第14回総会議案書』1985年

述べた。これを受けて患者会では6月13日，大阪市長に対して，大阪基地が設置されれば「区内に大量の大型車通行に伴い一層の大気汚染公害の加重，危険極まりない雑多な産廃のもちこみ，悪臭，住環境，自然環境の破壊」[14]が引き起こされるとし，公害認定患者2700名に対する基地設置の根拠の説明とその見直しを求める申入書を提出した。そこで理由として挙げられたのは，区内が市内有数の公害地域であること，ごみ焼却場・火葬

113

写真4-2 フェニックス事業への反対を訴える患者会のビラ配布（1985年8月）
（出所）『青空』第67号

場・下水処理場を受け入れており他区以上に負担を強いられていること，工業専用地域化反対運動の成果として進みつつあるまちづくりや市民の呼び戻しに水を差すこと，公害訴訟など公害根絶の要求が高いことの5点である。患者会は自らのフェニックス計画に対する取り組みを「現に公害で苦しみ，公害の被害を誰よりも強く訴える力をもっている患者だからこそ，この斗いにいち早く立上り，先頭に立った」と述べたように，会の活動にとって公害を繰り返させない決意とまちづくりへの志向性は密着していたのであった。患者会が単に計画に反対するだけでなく，それを地域全体の課題として位置付け，街頭も含めて広く呼びかけを行ったのは当然のことであったといえよう。

28日までの説明会開催を求めた患者会の申し入れを受け，市は7月2日になって住民を対象とする交渉を持った。住民約100名は，この場で産業廃棄物指導課長ら5名に向かって計画の撤回を求めたものの，市は事業主体が整備センターであり用地選定過程も含めて市の関与はないと繰り返して議論は平行線をたどった。同日，西淀川区医師会は搬出基地の設置反対を決議した。

7月4日，患者会は環境影響準備報告書に対する意見書・申入書を府知事に提出した。ここで患者会は全国有数の公害激甚地である区内に大阪基地が置かれることを「断固容認できるものではない」として基本計画の見直しを求め，府知事の責任で認定患者に対して説明の場を設けることを申し入れた。

第4章 臨海部開発と地域社会

表4-2 アセスメントに反対意見を提出した団体

- 大阪から公害をなくす会
- 大阪府職員労働組合総務支部
- 日本科学者会議大阪支部
- 西淀川公害患者と家族の会
- 道路公害反対運動大阪連絡会議
- 大阪公害患者の会連合会
- 大阪の川と池と海を守る会

(出所) 大阪から公害をなくす会資料 No. 218より

フェニックス計画に係る大阪基地(西淀川区中島埋立)の建設にあたっては、集センター(陰陽)計画変更を含め考えるとともに、地元西淀川区の住民の方々の理解ご協力が得られない限り工事の着工はいたしません。

昭和六〇年七月二五日

大阪府公域廃棄物整備センター
総務課長 永野武道

西淀川公害患者と家族の会 御中

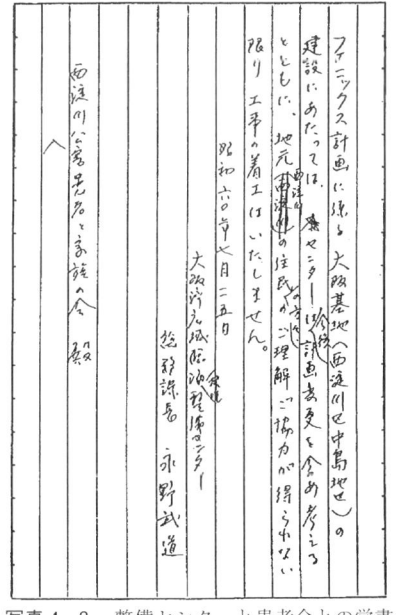

写真4-3 整備センターと患者会との覚書
(出所) 大阪から公害をなくす会資料 No. 218

以上のように，患者会の主張は，大気汚染・騒音・悪臭といった問題を惹起する基地設置の反対，公害被害に苦しみ事業の深刻な影響を受けるであろう患者への説明の場を求めることの2点を軸とするものであった。

整備センターが5月末から6月上旬にかけて開催した東区・泉大津市・堺市での説明会はいずれも住民の強い反発を招き[19]，6月24日には整備セ

ンター・大阪市と「大阪から公害をなくす会」・「大阪の川と池と海を守る会」・吉井英勝（府議）・梶本利一（大阪市議）・尾崎孝三郎（堺市議）との懇談会が開催され[20]，堺市内4つの町会長が連合町会長に対して意見書案を提出するなどした[21]。7月上旬の大阪府知事への環境影響評価準備への意見提出に向け，それぞれの地域と関心が結び付くことで，反対運動は急速な広がりを見せた。

（2）連絡会の発足

　こののち，西淀川区では7月24日の町会・医師会・患者会の呼びかけで，中島基地設置反対西淀川連絡会の準備会が発足した。翌25日には患者会150名が大阪市・整備センターと交渉を行い，整備センター総務課長から「地元住民の理解が得られなければ大阪基地は着工しない」という覚書を得た（写真4-3）。患者会が地元住民を代弁した書類を取り交わしえたのは，患者会が従来の公害反対運動の延長に搬出基地設置反対を「区民ぐるみ」の運動へと飛躍させた中核的存在であったからにほかならない[22]。9月5日には「フェニックス計画による中島基地設置反対西淀川区民大会」が開催され，府会議長に対して陳情書が提出された[23]。また，9月27日には，中島地区・川北連合振興会長等が出席し，中島地区で反対集会が開催された（約350名が参加）。この日までにフェニックス計画に反対する地域住民の署名は2848筆に達し，①基地設置計画の変更，②整備センターと市が地元住民へ納得のいく説明を行うこと，③市長は地元の意見を聞くことなく府知事への意見書を提出してはならない（市長の意見表明については後述），④以上を無視すれば中島地区での湾岸道路の建設に反対するといった強い内容の住民大会決議文を採択した。多くの地域住民が不安を抱えて結集し，反対運動のひとつのピークに達していたのである。

　ただし，こうした区内の反対運動の高揚が，整備センターに覚書にもとづく地元対策を促すこととなった。それは，事業を遂行していくために理

第4章 臨海部開発と地域社会

写真4-4 「フェニックス計画による中島基地設置反対西淀川区民大会」の様子（1985年9月5日）
（出所）『青空』第67号

解を得るべき「地元住民」とは誰かが問われることでもあった。

 だが、10月16日になって、大阪府環境影響評価委員会は、フェニックス計画のアセスメントの最終報告書をまとめ、廃棄物を運ぶトラックにシートをかぶせること、受入廃棄物の安全性チェックを求めることなど、計画に21ヶ所の意見を付したうえで事実上計画に同意した。これを受け10月19日には、大阪府が計画を認める意見書を提出し、フェニックス事業は府内での手続を終えた。

 その後は国への働きかけが行われ、11月28日には、区連絡会（川北連合振興町会、総評、大阪市職労、患者会、辰巳市議）が環境庁・厚生省・運輸省へ陳情を行った。その結果、12月2日の中央港湾審議会で「地元との協議をつくすこと」などの条件が付されたことは、今後の運動を基礎づけるものと評価された。だが、12月17日に国は計画を認可し、フェニックス事業は実現に向けて、大きな峠を越えた。

 国の計画認可はフェニックス事業への関心を高める面もあり、その後も

117

第Ⅰ部　公害問題と地域社会

写真4-5　整備センターとの交渉で覚書無視を追及する患者会
　　　　　（1992年1月20日）
（出所）『青空』第128号

　患者会は85年の覚書を根拠としてしばしば地元を代表して協議を開催したが，次第に交渉の頻度は下がり，89年になると整備センターは着工説明会の開催を求めるようになる。

　1992年1月，中島基地操業開始を2日後に控えた20日に，患者会は整備センターとの交渉を持った。ここで患者会は85年7月の覚書が履行されなかったことについて謝罪を求め，今後搬入廃棄物やNO_2・交通量についての調査結果を定期的に開示すること，患者会と専門家が基地内の調査を定期的に実施すること，搬入車両による公害防止のため走行ルートやチェック結果を患者会に報告し定期協議の場を設置すること，違反車両処置方針の明確化を求めた。さらに事業終了時点で大阪基地を閉鎖すること，継続して基地を使用する場合は再度アセスメントを実施し，地域住民・患者会等との事前協議・承認を確約すること，という諸点を要求した。情報公開を前提とした住民参加の場を築き上げようとする問題関心は，患者会のなかで一貫していた。

　以上のような，患者会の反対運動の特徴について整理しておくと，工業専用地域指定反対などこれまでの活動を踏まえて地域全体の取りまとめに

率先して取り組んだこと，大気汚染反対のみならず事業への住民参加を粘り強く追求していたことの2点が挙げられよう。当時，公害問題では公害健康被害補償法の見直しが迫りつつあるなか，追加提訴やスモン・水俣問題支援など患者会の活動は多方面に及んでいた。その険しい状況の中でも，フェニックス事業という市レベルをはるかに超える巨大な枠組みや圧力に臆せず対峙した患者会の力量は注目に値するといえよう。

　ただし，患者会も加わった反対運動にもかかわらず，大阪基地が建設されていったのは，「地元」の「理解」をめぐる整備センターとの患者会・住民組織のせめぎあいのなかで，地域社会の結束がはころびをみせたことにあった。その経過について，次節で検討する。

3　地域対策と事業の現状

（1）地域への資金提供

　フェニックス計画をめぐる西淀川区での地域ぐるみの反対運動の急速な高まりを受け，整備センターは大阪基地着工のため「地元住民の理解」を得る必要に迫られた。その際，整備センターが有力な手段としたのが「監視料」という操業監視業務を地域住民に委託する名目で行われた，地域社会への資金提供であった。この枠組みを提供するきっかけとなったのが，大阪市のアセスメントに対する報告書といえよう。

　大阪府は，事業計画に大阪基地が含まれることから，1985年6月に府環境影響評価要綱に基づき大阪市長の意見を求めた。これを受け，市環境影響評価専門委員会は約4ヶ月にわたる議論をへて，9月20日に報告書を発表した。これは事業計画のうち市域に関する影響，なかんずく大阪基地に関するアセスメントの妥当性を市として検証したものであるが，西淀川区内の大気汚染は依然として厳しく十分な環境保全対策が不可欠であって，事業実施にあたっては「厳しい監視」が加えられるべきとした。具体

119

的には，廃棄物輸送ルートの遵守（誘導板や輸送車へのステッカー貼りつけ）や，運搬中の飛散・悪臭漏洩防止のため荷台部分への覆い設置などであり，その手法として監視員の採用が盛り込まれた。

　この専門委員会の報告書は，大阪市長が計画への態度を決定する上で極めて重要な意味をもったが，府知事の諮問自体が大阪基地の設置についての意見を関係自治体である大阪市に問う形式をとるものである。すなわち，報告書はこれまで府に先行した市の取り組みを総括し，広域行政化しようとする廃棄物行政の展望を述べるものではない。9月26日の大阪市会民生保護・公害対策特別委合同協議会でも，環境事業局が事業の必要性を述べたように，市としてすでに計画は所与の前提として折り込まれていたといえる。

　したがって，報告書は西淀川区民が望むような搬出基地撤回を柱とする計画の再検討を求めたものとはならず，環境保全への取り組みに注文を付けながら，結果として「監視料」を地元対策費用として地域に提供していく構造に筋道を与えたものといえよう。

　市としての態度決定が迫るなか，先に述べたように中島地区での住民大会が開催され，地域の反対運動はピークを迎えていた。だが，9月30日に大阪市長は府知事に対して，報告書の趣旨を踏まえ，地元住民の理解と協力を得，環境保全上万全の措置を講じるよう要望して計画の推進に同意した。

　この後，市と府を経て，ついに国が計画を認可したことで，基地建設予定地に隣接する中島地区の川北連合振興町会は難しい対応を迫られることになった。振興町会としては基地設置反対連絡会に参加し，「フェニックス計画積出し基地反対」という立て看板を掲げるなどして計画反対を訴えていた。だが，その一方で役員には運動を継続することが他地域に基地を押しつけてしまうことへの逡巡があり，整備センター側との話し合いの場をもつことを決めた（林，1990，84頁）。整備センターは，川北地区連合振

興町会のために会館をつくること，1世帯あたり月100円の「迷惑料」を出すことを提案したという。特に前者は，工業用地下水くみ上げの結果，標高が海抜マイナス6mという低地状態に不安を感じてきた町会にとって，防災拠点整備というかねてからの要望を捉えた提案でもあった。川北コミュニティ会館が竣工したのは1992年3月，大阪基地開業から2ヶ月後のことであった。

写真4-6 川北コミュニティ会館（著者撮影）

　西淀川区内の他の町会でも監視を目的とした整備センターからの資金提供が行われている。平成12年から22年度にかけての具体的な決算記録が残るA連合振興町会では，四半期ごとにフェニックス事業違反車両監視料として39万円（年間156万円）が交付され，平成17年までは違反車両監視料とその繰越金からなる特別会計として処理されている。このうち違反車両監視を目的とした支出である業務事務費は年間24万円にとどまる。平成12年度には，会館建設協力金150万円が支出され，地域振興会分担金に22町会分の「委嘱状伝達式参加経費」が計上されるなど親睦も含めた文字通りの特別な会計として機能していた（表4-3）。その後，平成18年に特別会計を廃止して一般会計に統合され，特別会計時代の繰越金（520万円）は定期預金に改められるなど，振興町会内部での運営の透明化が図られたと思われる。ただし，フェニックス事業補助金（年間130万円程度）が全収入に占める割合は4～6割と高率を維持し，各年の支出規模は当該補助金以外収入（繰越金を含む）の1.6倍を下回ることはない。支出費目としては，連合運動会・納涼大会・ほのぼの喫茶・子育てサロンなど社会福祉協議会を介したまちづくり活動が多くを占める一方で，振興町会幹部の日帰り研修など親睦費用も少なくない。以上のように，近年でもフェニッ

表4-3　A振興町会平成12年度特別会計決算 (単位：円)

〈 歳　入 〉	
繰越金	1,500,598
フェニックス事業・違反車両監視	1,560,000
雑収入	1,296
合計	3,061,894

〈 歳　出 〉	
区地域振興会・業務事務費	240,000
区地域振興会・分担金	180,000
内訳　善意銀行預託金	30,000
区民ふれあいウォーク分担金	30,000
区民室長歓送迎会分担金	10,000
委嘱状伝達式参加経費（22名分）	110,000
区社会福祉協議会・連合会費	42,000
事業費・活動費	2,253,815
内訳　連合研修会	453,815
連合振興町会	300,000
会館建設協力金	1,500,000
合計	2,715,815
次年度繰越金	346,079

（出所）　A町会資料（個人提供）

クス事業「理解」の見返りはA連合振興町会運営の欠くべからざる財源として組み込まれているといえよう。

　なお，整備センターの収支をみると，自治体・廃棄物処理業者から徴収する「廃棄物処理料」により，「廃棄物処理費用」および「一般管理費」を支出する。A町会の記録が含まれる期間では，処分場の維持管理金先行積立の引当などから特別損失を計上するものの，当期利益は7億円超を確保し続けており，整備センターにとって地元対策費用は負担となっている様子はうかがえない。

（2）フェニックス事業の混迷

　フェニックス事業は当初の地域から反対運動を押さえ込んだところの「理解」によって成立してきたものの，今日では創設時の前提が大きく歪むなかで，事業の持続可能性そのものについて，整備センター内部でも危機感が高まりつつある。

　2004年3月，東尾隆志（常務理事）は，フェニックス計画は当初廃棄物最終処分と港湾整備という「二兎」を期待されていたものの，そこでは土地の価格上昇と需要拡大が前提されていたと述べる。だが，景気低迷による港湾施設の需要が低迷し，新規に出資を行う港湾管理者は見当たらない。廃棄物の最終処分場の確保に苦しむ参加自治体からは計画が不可欠であるという切実な声は寄せられるものの，港湾関係者は現行スキームでは参加困難であって，打開策を真剣に考えよと訴える（東尾，2004）。

　整備センターでは2001年には神戸沖埋立処分場（88 ha・1500万 m^3）が開業したものの2002年には泉大津埋立処分場・尼崎沖合埋立処分場がそれぞれ受入を終了した。2009年に大阪埋立処分場（95 ha・1400万 m^3）の開設にこぎ着け，現在は神戸沖・大阪の2施設で最終処分を行っているものの，それ以降の処分場の確保の目処は立っていない。

　2006年3月には事業の基本計画が変更され，受入対象自治体が142市町村から177市町村に拡大する一方で，埋め立て完了は2010年から2021年へと11年間延長された。廃棄物の減量化は整備センターの減収につながるが，処分場の長寿命化はもはや必須の課題となっている。

　また，2004年3月には廃棄物処理法が改正され，処分場の跡地利用が制限されることとなった。改正は廃棄物由来のガス・汚水が掘削などで漏出することを防ぐためであるが，跡地利用のための費用負担が増加することを意味し，事業の見通しはさらに困難なものとなった。

　整備センターが2006年9月以降「新たな海面埋立処分場の方向性に関する懇談会」を開催し，黒田勝彦（港湾計画）ら4名の有識者に将来構想

を求めたことも，打開策を探るものとして注目される。果たして2008年に報告された提言では，将来の方向性として，①温暖化や生物多様性の保全など地球環境問題に対応すること，②廃棄物処理を通じた地域社会の環境保全・地域経済への貢献を行うこと，③新たな事業展開に対応できる持続的活動のための自立・自律した仕組みづくり，④市民・企業・研究機関等との協働という4つの基本的な方向性を示した上で，新しい処分場のイメージとして環境保全ゾーン（エコツーリズム），水質浄化ゾーン（人工干潟），学習研究ゾーン（研究施設），エネルギーゾーン（自然エネルギー施設），産業施設ゾーン（3R工場など）が並べられるにいたった。港湾施設としての需要減少や分譲も困難ななかで，「環境再生」のための施設を並べ，地域貢献を果たそうとする姿勢が強く打ち出されているといえよう（大阪湾広域臨海環境整備センター，2008）。

　整備センターの危機感は，次期処分場確保という至上命題に由来するものであるが，研究活動支援や市民参加型の交流イベントや処分場への植林を通じて，沖合埋立処分場はかつてのような土地造成を梃子とした産業基盤整備ではなく，環境保全の面をより強く訴えざるを得なくなっている。こうした動向を西淀川区民の求める「環境再生のまちづくり」と共振させ，質的転換を果たせるかどうかに，フェニックス事業，ひいては廃棄物処理事業の将来が問われているといえよう。

4　小括――埋立処分事業と「環境再生のまちづくり」

　宮本憲一らは1977年に発表した論文で，重化学工業用地の造成を目的とした臨海部での「通産型埋立て」が環境問題・都市問題への対応から行き詰まるなか，1960年代後半からは生活基盤整備をうたった「福祉型埋立て」へと転換しつつも，住民参加のない形での地域開発が継続することを批判した（宮本・保母，1977）。フェニックス事業はその目的に廃棄物処

理を含む点において広義の「福祉型埋立て」ともいえなくもないが，事業の現状は土地需要と処分量が想定を下回り，跡地利用方法や事業の先行きが混迷するなか，埋め立てるべき廃棄物が存在し続けるがゆえに埋め立てを続けざるをえないという「無目的型埋立て」ともいうべき状況が続いているとはいえまいか。ここで留意すべきは，ポスト工業化社会において沿岸部再生に関する国内外の取り組みを比較し，産業再生ではなく，環境再生を軸とした人間を中心とする地域社会の再生であるとした中村・佐無田（2006）の指摘である。

　こうした点から本章の内容を改めて整理しておくと，まずフェニックス計画の登場にあたって，患者会は大阪基地の存在を大気汚染悪化との関係で鋭く捉えた。そして，医師会・振興町会などを取りまとめ「区民ぐるみ」の反対運動の要となって，「地元住民の理解」を着工の前提とする事業者側の覚書を引き出した。ただし，計画は，先に争われた工業専用地域指定という大阪市の産業政策の次元をはるかに越え，2府4県の広域行政という枠組みで西淀川区に押し寄せた。

　一方，海洋汚染や巨大開発など多岐にわたる論点からフェニックス計画は幅広い関心を呼ぶこととなり，その論点の多様さと複雑さは，各方面からの反対に広がりをもたらす手がかりとなった。だが，反対運動の争点は関連施設をめぐる個別の論点へと分節化され，廃棄物排出地域全体を「地元」として巻き込む反対運動の組織化のためには，大きな力量が求められた。

　搬出基地の存在を焦点とした西淀川区内の場合も，国が計画を認可した後，地元町会は廃棄物処理施設の他地域への押しつけにつながるとして運動の継続に躊躇するなど，関係者間にくさびが打ち込まれた。巨大計画実現に向けて「地元」もまた細分化され，それぞれの「地元」の「理解」という既成事実が積み上げられることで，ついに中島基地は実現することとなった。

こうして「地元」の「理解」の内実をめぐり，監視体制の構築を地元の理解と位置付ける事業者がフェニックス計画全体を実行に移そうとするなか，1991年，患者会は「西淀川再生プラン」（パート1）を発表した（第1章）。このプランは，廃棄物処理問題について直接言及するものではない。だが，公害被害者の訴えが地域全体の課題と地続きのものであることを示し，住民参加を果たしながら解決を図ろうとしたことは，フェニックス計画の反対運動でもみられたことであった。長期化する裁判闘争の局面打開を目指し，患者会がいっそうネットワークづくりに励むなかで，廃棄物問題に対する市民の関心も高まろうとしていた[31]。このようにフェニックス事業に対する取り組みは，患者会にとって「環境再生のまちづくり」を推進していくうえで苦い教訓となる一方，活動の発展の契機も同時に含むものであったといえよう。

注
(1) 例えば巨大ゴミの島に反対する連絡会編（1990）など。
(2) 廃棄物処理法は廃棄物の自区内処理を原則とするが，首都圏・近畿圏では内陸部の土地利用の高度化によって，処分場の確保が困難となりつつあった。また，廃棄物処理業者も，行政主導のもと大規模処分場を確保することで，処分場維持管理費用の削減を期待していた。これらの動向が，廃棄物処分の広域化を促そうとしていた。
(3) 以下の大阪府に関する記述は，『大阪府産業廃棄物処理計画（昭和57年度～昭和65年度）』（大阪府編，1982年6月，大阪府公文書館蔵請求記号 C0-59-5037）を参照。なお，1977年度の排出量は種別に見れば，汚でい（32.8％）・鉱さい（24.6％）・建設廃材（16.7％）で7割を占め，業種別に見れば製造業（67.0％）・建設業（18.0％）でやはり7割を超える。
(4) 産業廃棄物は排出事業者もしくは廃棄物処理業者が処分することが原則であるものの，公共事業由来等の廃棄物処理を目的に地方公共団体も最終処分場を設置している。当時，大阪府内で地方公共団体が設置する産業廃棄物最終処分場はこの2ヶ所であって，1975年以降，堺七-三地区は府内全域の民間事業も受入対象としていた。
(5) 巨大ゴミの島に反対する連絡会編（1990）14頁，執筆は熊本一規。

(6) 全日本自治団体労働組合（自治労）は廃棄物処理行政に関わる立場から，広域臨海環境整備センター法案が国会に提出されると取り組みを開始した。1983年以降はフェニックス対策委員会を廃棄物問題対策委員会へと発展させ，環境保全・広域行政化の懸念から交渉を進めた。この点については，自治労近畿地連「フェニックス計画の経過と問題点」（1985年6月，公害地域再生センター付属西淀川・公害と環境資料館（エコミューズ）所蔵資料，大阪から公害をなくす会資料 No. 218）に経過が述べられる。一般廃棄物の収集・運搬・処理・処分を一貫した体制で行うべきとする自治労の立場は特殊であって，多角的な検討を要する課題としてのみ指摘しておきたい。

(7) 整備センターの推計によれば，1989年度から1995年度までの7ヶ年間の最終処分量約51200万m^3のうち，広域処分量は55625千m^3であり，その内訳は，一般廃棄物5024千m^3（9％），上下水汚でい1768千m^3（3％），産業廃棄物13710千m^3（25％），陸上残土27514千m^3（49％），浚渫土砂7609千m^3（14％）である（大阪湾広域臨時環境整備センター「大阪湾広域処理場整備計画——フェニックス計画」，大阪府公文書館蔵請求記号 C0-59-7582）。

(8) 同上。

(9) 同上。

(10) なお，この内訳は汚でい118万t（34.5％），建設廃材117万t（34.2％），ガラスくず32万t（9.4％）である。また，この埋立場所は堺第七-三区に約119t，フェニックス事業泉大津沖処分場に約41万m^3であった（大阪府，1996）。

(11) 「大阪湾圏域広域処理場整備事業に係る環境影響評価書・概要版」，大阪府公文書館蔵請求記号 C2-1999-203。

(12) 大阪弁護士会「関西国際空港建設事業・南大阪湾岸整備事業・阪南丘陵開発計画にかかる土砂採取事業・フェニックス計画の各環境アセスメントに対する意見書」（1986年8月），公害地域再生センター付属西淀川・公害と環境資料館（エコミューズ）所蔵資料，永野千代子氏資料 No. 514。

(13) 『朝日新聞』1985年5月17日付。

(14) 西淀川公害患者と家族の会会長　浜田耕介他役員一同→大阪市長「フェニックス計画大阪基地建設に関する申入書」，大阪から公害をなくす会資料 No. 218。

(15) 「フェニックス計画大阪基地建設に関する申入書」，大阪から公害をなくす会資料 No. 218。

(16) 西淀川公害患者と家族の会『第14回総会議案書』1985年，36頁。

(17) 『朝日新聞』・『赤旗』・『毎日新聞』1985年7月3日付。

(18) 「大阪湾圏域広域処理場整備基本計画の環境アセスメントに関する意見書並に申入書」，大阪から公害をなくす会資料 No. 218。

(19) 『朝日新聞』1985年7月3日付。

(20) 〔環整ビセンターこんだん会メモ〕1985年6月24日, 大阪から公害をなくす会資料 No. 218。
(21) 第13・14・20・21町会長→浜寺石津町連合町会長「フェニックス計画環境影響評価準備書に対する意見書（案）」1985年6月30日, 大阪から公害をなくす会資料 No. 218。
(22) 同年の患者会第14回定期総会議案書ではこの運動を「浜田（患者会）会長, 時枝区医会長, 藤木総評地協議長と川北, 大野百島, 御幣島の三連合町会代表の呼びかけで結成され, 現在は, 区内の連合町会の半数以上や, ほとんどの区内の団体を結集する文字通り区民ぐるみの運動に発展」と評価している。連絡会では区内3万世帯の過半数を目標に署名に取り組むこととし, 医師会でも5000名の署名を集めたという（『青空』第67号, 西淀川公害患者と家族の会, 1985年9月30日, 公害地域再生センター付属西淀川・公害と環境資料館（エコミューズ）所蔵資料, 以下『青空』各号も同館が所蔵する）。
(23) 「陳情　自昭和60年5月至昭和61年5月」, 大阪府公文書館蔵請求記号 B3-1999-332。
(24) 『青空』第68号, 1985年12月9日。
(25) 1986年9月20日に大阪弁護士会公害対策・環境保全検討会は, シンポジウム「大阪湾の環境保全を考える, 関西新空港等の環境アセスメントと埋立をめぐって」を開催した。
(26) 1986年10月29日の時点で, 患者会は厚生省生活衛生局地域計画室室長に対してフェニックス計画に関する陳情書を提出し「大阪基地を西淀川に建設することは, 地域住民の総意としてあくまで反対」であり, 環境整備センターに計画変更を指導することなどを要望している。
(27) 『青空』第101号, 1989年12月8日。
(28) 「大阪湾圏域広域処理場整備事業に関する環境影響についての検討結果報告書」, 大阪から公害をなくす会資料 No. 221。
(29) これらの監視業務は事業者または地方公共団体によって実施され, 結果は, 大阪府・大阪市・堺市・泉大津市関係部局で構成される大阪府域環境保全協議会で収集・検討され, 毎月公表されている。A町会と監視業務の契約を交わしたのが整備センターか大阪市かについては記録が確認できない。
(30) 佐無田（2003）は, 川崎市を事例にゼロエミッションなど環境への配慮をうたう「エコタウン」開発においても, 都市開発の矛盾が沿岸部におよぶものであったことを実証する。
(31) その具体像はさらなる検討を要するが, ここでは消費者運動について例示しておく。全大阪消費者団体連絡会（大阪消団連）が, 組織の重点課題として初めて「ゴミ問題」を取りあげたのは1991年である。同年, 大阪消団連は「ゴミ問題懇

談会」を結成し，3月には府内全自治体を対象とするアンケート調査を実施するなど，消費者自らの生活スタイルの見直しも含めた廃棄物問題に関する社会的提言を開始した（全大阪消費者団体連絡会，1991）。消費者運動と患者会のネットワークは直接的には裁判に対応したものであったにせよ（第5章），相互交流のなかで，共通する課題が増えつつあったことは注目されよう。

参考文献

大阪府（1996）『大阪府環境白書　平成8年度版』大阪府。
大阪府（1998）『大阪府環境白書　平成10年度版』大阪府。
大阪湾広域臨海環境整備センター（2008）「大阪湾フェニックスセンターに求められる方向性——懇談会提言」『I land fill』（大阪湾広域臨海環境整備センター）第10号。
巨大ゴミの島に反対する連絡会編（1990）『ゴミ問題の焦点』増補版，緑風出版。
黒田隆幸（1996）『それは西淀川から始まった——大阪都市産業公害外史・産廃篇』同友館。
佐無田光（2003）「川崎エコタウンの地域的環境経済システム」『金沢大学経済学部論集』第23巻第2号。
全大阪消費者団体連絡会（1991）「消団連，知事選で公開質問を決める」『サイクル——消費者運動ニュース』第434号。
中村剛治郎（2004）『地域政治経済学』有斐閣。
中村剛治郎・佐無田光（2006）「環境再生と地域経済の再生」寺西俊一・西村幸夫編『地域再生の環境学』東京大学出版会。
華谷ひろ子（1990）「一石二鳥のフェニックス計画とは」『リサイクル文化』第28号。
林なお子（1990）「積出基地予定地周辺の人々——大阪市西淀川区を歩く」『リサイクル文化』第28号。
東尾隆志（2004）「二兎を追うフェニックス計画は二兎を得れるか」『I land fill』（大阪湾広域臨海環境整備センター）第1号。
広川禎秀（2012）「高度成長期の社会運動史の方法と課題」広川禎秀・山田敬男編『戦後社会運動史論2』大月書店。
宮本憲一・保母武彦（1977）「大都市臨海地域開発の展望」宮本憲一編『大都市とコンビナート・大阪』筑摩書房。

第5章
大気汚染公害反対運動と消費者運動の合流
―――「環境再生のまちづくり」を支える運動ネットワークの形成―――

入江智恵子

　大阪市西淀川地域の大気汚染公害反対運動は，被害者運動が現代都市政策としての「環境再生のまちづくり」の理念を先駆的に提起した事例として，日本の環境運動の新しい到達点を示したものである。注目すべきは，この運動は「西淀川公害患者と家族の会（以下，西淀川患者会と略）」と同時代における他の社会運動とが，相互に影響を与え合いながら展開されてきたということである。

　他の章でも明らかにされているように，西淀川における公害反対運動は，西淀川患者会にとどまらず，さまざまな社会運動や住民団体等がネットワークと協力関係を構築することによって進められてきた。なかでも1980年代末からつくられた大阪の消費者運動とのネットワークは，他の運動との関係が西淀川患者会の運動に新しい展開をもたらした最も顕著なものである。西淀川患者会と消費者運動団体の相互関係は，公害反対運動「冬の時代」に，地球環境問題という観点から地域の大気問題を捉える環境NGO，「地球環境と大気汚染を考える全国市民会議：Citizens' Alliance Saving the Atmosphere and the Earth（以下，CASAと略）」（1988年設立）をうみ出した。また，消費者運動団体による西淀川大気汚染公害裁判（以下，西淀川裁判と略）の支援は，西淀川裁判が人びとのあいだで広く知られるきっかけとなった。さらに，このような消費者運動との合流の過程と，その結果つくられた西淀川患者会の運動のネットワークは，1990年代に本格化する西淀川地域における「環境再生のまちづくり」の母胎となるもので

あった。

そこで本章では，大気汚染公害反対運動と消費者運動という課題の異なる2つの運動がいかにして合流しえたのかについて明らかにする。第1節では，公害・環境行政の後退と裁判の長期化という課題を乗り越えるために，西淀川患者会が運動方針を転換していった経緯について述べる。第2節では，消費者運動団体・地域生協による運動への協力の内容とその貢献について整理する。第3節では，大気汚染公害反対運動と消費者運動とがなぜ合流できたのか，その論理について明らかにする。最後に第4節で，本章の内容を要約し，まとめとしたい。

1　1980年代末における西淀川患者会の運動の「転換」

(1) 公害反対運動「冬の時代」と西淀川裁判への対応

大阪市西淀川地域に西淀川患者会が結成されたのは，1972年10月のことである。西淀川患者会は結成当初から，地域の公害反対運動団体や他地域の公害患者との連携に重点を置き，1976年には西淀川患者会が事務局となって「大阪公害患者の会連絡会準備会[1]」を結成，1973年には「全国公害患者の会連絡会[2]」の結成に深く関与し，これらの組織を通じて大阪市や国に対して公害被害者の救済制度を求める運動を行っていった。患者らによる運動の展開は，「大阪市公害被害者の救済に関する規則」の制定（1973年）や国として初めての本格的な公害被害者の救済制度である「公害健康被害補償法（以下，補償法と略）」の施行（1974年）につながるものであり[3]，これにより限定的とはいえ行政による被害者の救済が実現していったといえる。

しかし，公害問題に対する国と地方自治体の積極的な姿勢は，1973年の第1次石油危機とその後の経済不況を画期に転換し，公害対策よりも不況対策，環境問題よりもエネルギー問題へと政策の重点が移されていった。

補償法についても成立直後から負担の大きい経済団体から指定地域解除の要望が出されており、1970年代半ばを過ぎると、環境庁中央環境審議会でNO_2の環境基準緩和の議論が始められ、ついに1978年7月には大幅な基準の緩和が発表される事態となった。環境基準の緩和は、大気汚染の状況が不変であっても、数字上は大気汚染が「改善」した地域を生み出すことになった。このような公害環境行政の消極的な流れは、1980年代に入ると一層加速し、1983年頃から既存の大気汚染の地域指定（第一種指定地域）解除が検討され始め、1987年には補償法が「改正」されたことで、翌年には既存の公害指定地域が全面解除となり、以後、新たな地域指定がなされなくなった。

　西淀川患者会は、行政機関への被害救済を求める運動と並行して、西淀川地域の大気汚染の原因企業との直接交渉も行っていたが、既に1970年代半ばまでに直接交渉による解決の道は困難と判断される状況にあった。[4] 1978年4月、西淀川患者会は汚染原因者の責任を問い公害を根絶させるために、西淀川区に隣接する企業10社と国・阪神高速道路公団を相手に、有害物質（NO_2, SO_2, SPM）の排出制限と被害者に対する損害賠償を求める裁判を提訴した。1984年、85年にはそれぞれ第2次、第3次提訴が行われ、累計700人を超える患者が原告となった。しかし、裁判は遅々として進まず、10年近くを経てもなお、結審の目途さえ立たない状況であった。この裁判の長期化は、法廷内での戦略だけでなく、前述した国の公害環境行政の消極的な流れに、全国の患者会組織の中核として対応せざるをえなかった西淀川患者会運動の事情を反映したものでもある。1980年代半ば以降の大気汚染公害反対運動は、「全国公害患者の会連合会（以下、全国連合会と略）」（1981年設立）を中心とした中央省庁や財界との折衝と、各々の大気汚染地域での裁判という大きな2つの柱で進められていた。西淀川患者会は、規模も最大であり、西淀川患者会事務局長が全国連合会の幹事長を兼任していたこともあり、必然的に前者の運動の中核な存在で

第 I 部　公害問題と地域社会

舞台上に立つ西淀川患者会のメンバー

会場となった中之島公会堂の様子
写真 5 − 1　3.18府民大集会（1988年）

あった。

　西淀川患者会と西淀川裁判弁護団（以下，弁護団と略）は，第 16 回総会で「10 年以内の結審」を今後の運動方針とし，1987 年 3 月の参議院環境特別委員会で補償法の「改正」法が採決，成立したことを契機に，運動の拠点を東京から大阪に移し，裁判の早期解決に向けたとりくみに集中していくことになった。裁判の早期解決のためにはどのような運動を組み立て

たらよいのか。西淀川患者会と弁護団が出した結論は，地元大阪・西淀川の世論に公害の実態と被害の実情を訴え，裁判への理解を深めてもらうというものであった。ここで西淀川の運動は，それまでの患者会組織のネットワークを基盤に国や裁判所に対して直接の要請行動を行うというものから，当事者ではない住民・市民からも広範な支持を得る運動として社会的に認知されようという運動方針の転換がなされたのである。こうして，1988年以降，西淀川患者会は，大阪での運動を展開していくための支援者の開拓とその組織化を進めていった。

（2）地元大阪での支援者拡大とネットワーク形成

　西淀川患者会が大阪での世論形成のためのとりくみとしてまず行ったのが，「きれいな空気と生きる権利を求めて――西淀川公害裁判早期結審，完全勝利をめざす3.18府民大集会（以下，3.18府民大集会と略）」である。集会に向けて西淀川患者会と弁護団は，500を越える労働組合や民主団体，政党などに集会への参加と早期結審を求める署名の要請を行い，従来からの支援団体に加え，生活協同組合や公団自治協，区内の連合町会などにも働きかけを行った。裁判への協力を求めて他の運動団体に要請に回るという経験は，西淀川患者会と弁護団にとって初めてのことであり，この集会の成功がその後の支援拡大に向けたとりくみにつながっていった。

　図5-1は，方針転換が行なわれた1988年から1991年の第1次訴訟第一審判決時までにつくられた西淀川患者会の運動ネットワーク（運動体）を表している。西淀川患者会を中心とする4つのネットワークから成り，左上が地域の公害反対運動団体とのネットワーク，右上が公害患者らのネットワークを示している。1980年代末につくられたのが，図の下部に位置するネットワークである。この下部のネットワークは，3つの裁判支援組織――図5-1に六角形で示した「西淀川公害裁判支援区民連絡会（以下，区民連絡会と略）」，「大気汚染公害をなくし，被害者の早期・完全救済

第Ⅰ部　公害問題と地域社会

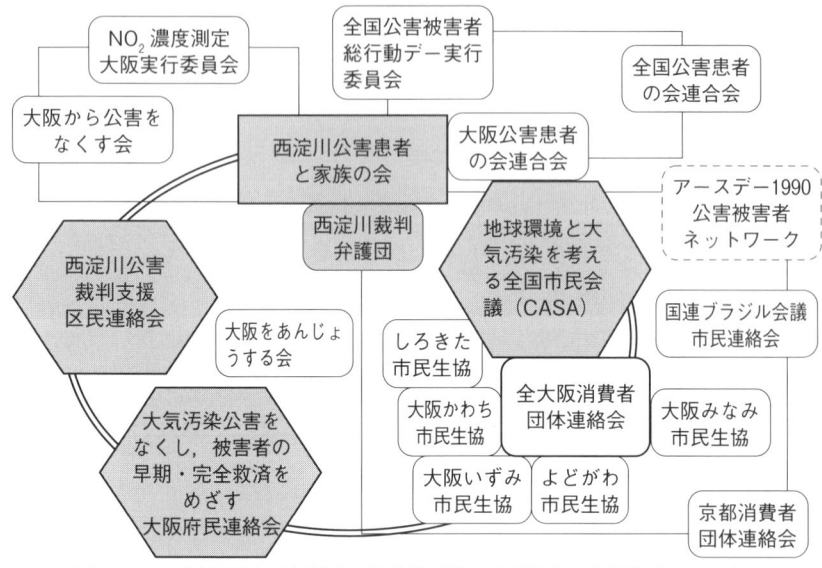

図5-1　西淀川公害反対運動の運動体（第1次訴訟第一審判決時：1991年）
（注）───，════はネットワーク関係を表している。
（出所）　筆者作成。

をめざす大阪府民連絡会（以下，府民連絡会と略）」，「大気問題市民会議（CASA）」──を中心に，既存のネットワークに属する支援団体と，新しい支援団体（支援者）とが，ゆるやかに結びつくものであった。すなわち，既に協力関係にあった団体についてはそのネットワークを基盤にしながらも，それぞれ区民連絡会と府民連絡会に再組織化し，新しく支援・協力を呼びかけていく団体については，「市民会議」という名称を持つCASAを新しく立ち上げて組織するというものである。このように，西淀川患者会は方針転換に伴って，1980年代までに築かれていた運動ネットワーク（運動体）を損なうことなく，新しい支援者が合流しやすい環境をつくり上げていった。

次節以降で詳しくみていくように，新しい支援団体の開拓とその組織化は，西淀川患者会にとって恒常的な運動の支援を期待できるものであり，

裁判支援組織の結成を前提にして，1990年代を通じて行なわれていく大規模なアピール行動などのとりくみが可能になったといえる。更に1990年には，これらのネットワークを統合し，支援団体を含めて裁判の「解決」のあり方を検討するための「西淀川裁判判決行動懇談会」（図5-1の二重線で示されるネットワークを組織化したもの）がつくられた。

1980年代末以降の西淀川患者会の運動は，このように裁判支援組織との関係の中で展開されていくことになるのであるが，この時期に新たに西淀川患者会の運動に合流したのが，大阪の消費者運動であった。消費者運動団体や地域生協に運動への支援を求めた理由について，西淀川弁護団の早川光俊弁護士は次のように述べている。

> 補償法の改悪が議論されていた同じ国会で，今の消費税である大型間接税の導入に反対する闘いも行われていた。補償法の改悪は通ってしまったが，大型間接税については継続審議となった。公害被害者は必死に闘ったが，公害被害者だけで闘っていた。大型間接税の闘いは地域生協が入っていて闘いの裾野が広かった。また，カネミ油症事件について，食品公害問題ということで地域生協が，大阪消団連〔全大阪消費者団体連絡会：引用者〕を中心に大きな支援運動を展開していた。大阪で，大きな市民運動を創るには，消費者団体や地域生協と連携しなければ駄目だと思った。[6]

中曽根内閣による大型間接税の導入に対して，関西の消費者運動団体は，「大型間接税（売上税）の撤回を求める国民運動交流関西連絡会準備会」（1987年）を結成し，大阪で数千人を超える大規模集会やアピール行動を展開していた。この運動の中心団体のひとつが，複数の消費者運動団体が加盟する「全大阪消費者団体連絡会（以下，大阪消団連と略）」であった。

2　消費者運動団体による西淀川患者会への支援・協力

　前節で述べたように，公害反対運動の「冬の時代」の中で，西淀川患者会はその運動を，国・行政機関や裁判所に訴えるものから，より多くの市民に訴えるものへと転換していくことになった。その際，運動への新しい支援者として西淀川患者会が注目したのが，大阪の消費者運動団体であった。西淀川患者会は，その支援・協力関係をどのようにつくり上げていったのだろうか。

　1980年代末以降，順次構築されていく西淀川患者会と消費者運動団体との関係は，次の2つの側面からみていくことができる。まず，大阪消団連との協力による裁判支援組織としてのCASAの結成である。次に，大阪消団連の構成組織である地域生協との集会・デモなどへのアピール行動への参加，署名への協力を通じた関係である。消費者運動団体から裁判への支援を得られたことは，西淀川地域の大気汚染問題が特定地域の問題ではなく大阪府民全体の問題であり，地球規模での大気問題（地球環境問題）でもあるということを，西淀川患者会の運動に改めて認識させるものであった。以下では，具体的にみていこう。

（1）西淀川裁判支援組織の結成──西淀川患者会と大阪消団連との相互関係

　第1節で述べたように，西淀川患者会は1978年に西淀川裁判を提訴したが，1980年代半ばを過ぎても解決の目処が立たない状況にあった。こうした中で，長期化する裁判の早期決着を図るために，西淀川患者会は1980年代末より地元大阪の世論に訴える運動を展開していくことになる。西淀川患者会は自ら運動の先頭に立ちながらも，企画やとりくみをより広範に実施するために，実働部隊として西淀川裁判を支える組織を必要としていた。

①西淀川患者会による裁判支援組織の模索

　まず西淀川患者会の事情についてみていこう。1988年の3.18府民大集会（前出）直後の弁護団会議の中では，西淀川裁判の支援組織の必要性について次のような認識が示されている。

　　西淀川訴訟が早期結審・勝利判決をかち取るための課題は〔中略〕裁判外の運動を如何に大きく盛り上げ，裁判所を世論で追い詰められるかである。これまでの公害裁判は，裁判所を大きく世論でとりまくなかで，裁判での勝利をもぎ取り，加害企業を追い詰め全面解決を図ってきた。被害者救済と公害防止をもとめる世論無くして，公害裁判の勝利も，解決も有り得なかった。(7)

ここでは，これまでの公害裁判の経験からも，西淀川裁判の長期化を打開し全面解決を実現するためには，被害者らの運動だけでなく広範な世論の支持が必要であるという課題が提起されている。弁護団会議の資料によると，裁判支援組織の結成については1988年を通じて何度も会議の議題に上っている。それを筆者なりに要約すると，西淀川裁判に即して具体的に考えるべき論点としては，おおむね次の3点が挙げられるだろう。

　　被害者の要求は，裁判に勝つことだけではなく，適切な治療と生活の補償であり，孫子にこのような苦しみを味わわし（ママ）たくないということである。裁判はそれを実現するための手段である。全面解決とは，裁判をてこに，裁判の原告は勿論，裁判の原告以外の被害者に対しても，恒久対策を加害者の負担において制度化した時，はじめて実現したと言える。こうした，被害者の要求にそった組織はどの様なものがふさわしいのか。(8)

　　西淀川公害裁判は，なんといっても大阪の中の一部である西淀川区の

認定患者だけが原告となっている裁判である。それゆえ，府的団体は西淀川裁判の支援だけで組織として主体的に取り組むことに困難がある。こうした問題も踏まえ，できるだけ多くの府民・団体を結集しうる組織の目的・形態はどの様なものか。⁽⁹⁾

また，この裁判の支援組織は西淀川の被害者に対する同情だけではなく，自らの要求として大気汚染と裁判をとらえ，行動したとき最も大きな力を発揮できるのではないか。そのための会の目的設定はどのようにすべきか。具体的には，府下の公害患者は勿論，出来るだけ多くの労働組合・民主団体・婦人団体・生協などに入ってもらうには，どの様な組織が適切か。⁽¹⁰⁾

このように，1980年代末，地元大阪でより多くの市民からの支援を必要とした西淀川患者会は，弁護団とともに新しい支援者を具体的に想定し，それに適合した組織づくりを模索していたことがわかる。西淀川患者会は弁護団との議論を重ね，既存の支援団体を再組織化する府民連絡会と区民連絡会，これから協力要請を行っていく新しい支援団体で構成するCASAという3つの裁判支援組織（図5-1参照）の結成を目指すことになった。

西淀川患者会は，CASAの母体となる組織を大阪消団連と位置付け，1987年秋頃から働きかけを行っていった。その結果，CASAは「西淀川裁判支援が直接の目的ではなく，地球規模の大気の問題（オゾン層の破壊）と広く大気汚染と被害者の救済を考えていこうという市民参加の緩やかな組織」⁽¹¹⁾として市民・研究者・被害者という幅広い層で構成される組織とすること，活動は「大気汚染・オゾン層の破壊に限定した①情報の交換と提供，②資料の収集と配布，③研究・交流，④一致した内容による提言の発表（集いをもって）と大気汚染被害者の救済」⁽¹²⁾を行うことが合意された。

第5章　大気汚染公害反対運動と消費者運動の合流

1988年7月には，大阪消団連が主催する「大気汚染・オゾン層破壊と日本の責任——被害の拡がりを防ぎ，救済を求める集い」の中で設立準備会がつくられ，3ヶ月間の議論を経て，同年10月に結成の運びとなった。大阪消団連に集う地域生協をはじめ，労働組合や企業，公害反対運動団体や他の市民団体などの約50団体と，研究者や弁護士，学生，主婦や会社員などの個人会員約400名がその結成メンバーとなった。西淀川患者会は「大阪公害患者の会連合会」の参加団体として，CASAを構成することになった。

②大阪消団連のグローバルな運動への志向性

　さて，1980年代末の西淀川患者会は，裁判の勝利に向けた世論形成のために，幅広い市民からの運動への支援を必要としていた。一方，CASAの設立目的と活動内容をみると，その内容は「地球規模の大気問題と，地域の大気汚染，被害者の救済の問題」とを共通する問題として扱うとされてはいるものの，西淀川裁判の全面的な支援を目的としているわけではない。この時期，日本の環境運動は後に「冬の時代」といわれるように，1960年代以降整備されてきた公害対策に関わる制度の数値基準の緩和や，新たな公害病患者認定の審査が進まないという課題に直面していた。したがって，地域の公害をなくす運動に取り組んでいた環境運動の側から地球規模での環境問題が課題として指摘されるような状況にはなかった。CASAを地球環境問題に対応する運動組織として結成することになったのは，大阪消団連の意向によるものであった。

　たとえば，大阪消団連結成10周年となる第8回総会（1981年）で確認・採択された「消費者運動，この10年間の到達点」と「21世紀に向けての消費者運動の課題」では，消費者運動の発展として環境問題に対応する論理が次のように述べられている。

　「日本の消費者運動は，消費者被害からいかに自らの生命，健康，財産

を守るかがその起点となった。いわば受身の運動としてスタートした。今日では，単にその立場にとらわれず，世の中の不公正をただし，子孫へ豊かな生命，環境を正しく伝え残す未来に責任を負った価値高き社会運動へと発展した」(全大阪消費者団体連絡会，1998，53頁)。そのうえで，地球規模での環境の汚染・破壊と国内の環境汚染を並列させ，これらの問題こそが21世紀の消費者運動が取り組むべき現代の危機であると意味づけている。

　こうした認識のもとで，大阪消団連は1980年代半ばまでには既に地球環境問題への認識を深め，国際的な問題に対応するための運動のあり方を模索していった。1987年に西淀川患者会から運動への協力と裁判支援の要請はあったときには，このような課題意識が組織として共有されていたといえる。前出の早川弁護士が「CASAをつくったときも消費者運動の専門家も集まったけれども，西淀川が持っていた大気関連の〔学者・研究者などの専門家の：引用者〕つては大きかった[13]」と指摘しているように，西淀川患者会からの裁判支援組織づくりの要請は，環境問題へのとりくみを視野に入れていた大阪消団連にとっても次の展開に踏み出す絶好の機会であった。こうしたことから，大阪消団連がCASA設立の呼びかけ団体となり，その組織化を主導したのであった。

　以上みてきたように，西淀川患者会が弁護団とともに発案した裁判支援組織としてのCASAは，大阪消団連の意向のもとで，地球規模の大気問題を扱う組織として結成されることになった。CASAが地球環境問題への対応とそれに伴う国際的な運動のネットワークづくりを志向する組織となったのは，一重に大阪消団連の先見性によるものである。西淀川患者会の当初の構想にはなかった環境NGOが誕生したといえる。西淀川患者会は，このようなCASAの設立をどう評価したのか，西淀川の運動にもたらされたものは何だったのだろうか。

③ CASA による地球環境問題と地域の公害問題との結合

　西淀川患者会の第 17 回総会議案書では，結成された 3 つの裁判支援組織に触れた部分で，CASA の運動への期待が次のように述べられている。

　11 月 7 日〔1988 年。日付は 10 月 17 日の誤りか：引用者〕発足した「大気問題市民会議〔CASA：引用者〕」は，オゾン層の破壊，地球の温室効果など地球的規模でひろがりをみせる環境破壊を研究，調査し広く啓発することを目的に，消団連など市民消費生協や学者，医師，法律家等専門家と公害被害者が連帯して結成されました。
　「会〔CASA：引用者〕」は，こうした地球規模の環境問題と現実に地元で起こっている公害被害を救済する課題を結合することで，政府・環境庁が画策している「現実の公害をかくし，問題を地球規模にすりかえようとする」動きに対する強力なアンチテーゼとして，また現実の被害救済にと大きな役割が期待されています。[14]

　1988 年は，環境庁発行の『環境白書』（昭和 63 年度版）に初めて「地球環境問題」が掲載され，大きく取り上げられた年であった。前年の 1987 年には，補償法が「改正」され，1970 年代を通じて順次拡大されてきた大気汚染公害指定地域が一斉に解除されるという公害環境行政の転換があった。このタイミングで地球環境問題が大きく取り上げられることは，公害被害者らに，国は公害を過去の問題として片付けてしまうのではないかという危機感と怒りを生じさせるものであった。
　ここで注目すべきは，西淀川患者会は地球規模での環境問題について決して無理解ではなかったということである。患者会の総会議案書では，地球環境問題について「オゾン層の破壊・酸性雨・地球の温暖化・熱帯雨林の減少・地球の砂漠化等々地球規模で拡がる環境破壊の原因が，主として先進工業国の公害たれ流しと海外への公害輸出にあります。その解決は，

第Ⅰ部　公害問題と地域社会

海外の環境 NGO と西淀川患者会のメンバー

JAPAN DAY の様子
写真 5-2　環境と開発に関する国連会議（1992年）

足もとの公害の根絶と被害者救済を抜きにありえません[15]」とし，地球規模の環境問題の解決は，地域の環境問題の解決があってこそなしえるものとの考え方が示されている。1990 年代に入ると，日本でも各地でアースデーのとりくみが行なわれるなど，地球規模での環境問題が大きく取り上げられるようになった。西淀川患者会も CASA を通じて「アースデー 1990

公害被害者ネットワーク」(図5-1参照)に参加し,環境運動団体主催の企画・イベントの一翼を担った。人々の環境問題への関心が高まることは,公害被害者らの運動にとっても追い風となりうるものであり,CASAを基盤にして広範な市民の支援を得るという当初の構想は,より現実的なものとなっていった。

④裁判支援組織としてのCASAの貢献

　西淀川裁判の支援組織がそれぞれに動き出した1989年には,第1次訴訟の結審日が決まり,「公害地域の再指定を要求し,裁判の早期結審・公正判決を求める」100万人署名などの支援の輪を広げるとりくみに,一層力が入れられるようになっていった。同年9月には,CASA,レイチェル・カーソン日本協会,全国連合会,地球の友が「地球環境と大気汚染を考える国際市民シンポジウム」を開催した。この国際シンポジウムを準備する過程で,CASAは海外の環境NGOや専門家との結びつきを強め,11月に「国際環境連絡センター(ELCI：Environmental Liaison Centre International)」へ加入したことを契機に,国際的な運動を展開していくことになった。

　結成から西淀川裁判が最初の結審を迎える1991年までに,CASAが西淀川患者会と共同で行った組織的なとりくみは,実はこの国際シンポジウムの開催が唯一のものである。国際会議という場で,日本の公害患者らが被害の実態を訴える機会を得たことの意義は大きいが,ここで裁判支援組織としての貢献に着目するならば,それはいかなるものだろうか。

　その貢献は,西淀川患者会が裁判支援を要請する新しいルートの提供といえる。第1節で述べたように,この時期の西淀川患者会が求めていたのは裁判の早期結審による「解決」であった。西淀川の大気汚染公害に対する社会的な関心を高めることで,長期化する裁判を少しでも前に進めることが,法廷外の運動の課題であった。広範な市民からの支援とは,この場

合，100万人署名とアピール行動への参加の数によって示されるものであった。したがって，CASA 設立によって第一義的に求められていたのは，CASA の団体会員および個人会員が署名や集会へ協力することであった。CASA 設立直後から，西淀川患者会・弁護団は，大阪消団連の構成団体である地域生協に運動支援の要請を行い，1990年以降の大規模なアピール行動の実働部隊としての協力を得た。これはCASA という裁判支援組織を足がかりとして可能になったものであった。次にこの過程についてみていこう。

（2）アピール行動への参加，署名への協力——西淀川患者会と地域生協との相互関係

1988年につくられた3つの裁判支援組織は，西淀川患者会の大規模なアピール行動の基盤として，それぞれに期待された運動の枠組みと役割の下で，西淀川患者会の運動を盛り立てていく機能を果たしていった。一方，前項で述べたように，CASA は裁判支援組織の枠組みを越えるものとして結成され，自立した環境 NGO としての活動を展開していった。そのため，西淀川患者会が当初想定していたようなアピール行動の実動組織にはならなかった。したがって，消費者運動団体・生活協同組合からの裁判支援を得るためには，CASA を足がかりにした更なる働きかけが必要であった[19]。西淀川患者会は，CASA 結成翌年の1989年から大阪消団連の構成団体である地域生協への支援要請をスタートさせ，1991年までの3年間に，大阪府に所在する「よどがわ」，「しろきた」，「いずみ」，「みなみ」，「かわち」の各地域生協の総代会，理事会，地域委員会，班長会，支部長会議の場での訴えや大気汚染についての学習会を行い，問題の理解とアピール行動への協力を求めた。患者らが地域生協で行った学習会や訴えは，100回を超えるものであった[20]。この結果，5つの地域生協から大阪消団連とは別のルートでの支援が得られることになった。

第5章　大気汚染公害反対運動と消費者運動の合流

写真5-3　そろいのエプロンをかけた地域生協の人たち
はるかぜ行動，1993年

　表5-1は，地域生協が協力した主なアピール行動を示している。国・公団との和解が成立するまで，裁判の節目ごとに数百人規模のアピール行動が企画されたが，大阪消団連とその構成団体である地域生協の協力が大きな力となった。1989年から始められた100万人署名のとりくみにも，地域生協の組合員と職員によって24万筆もの署名が集められ，これは第1次判決前までに集められた72万筆の署名の3分の1に相当するものであった。
　このような消費者運動団体による支援は，西淀川患者会が幅広い市民を巻き込む運動へ「転換」していくための大きな力となり，その結果，西淀川裁判は1995年に企業と和解，1998年に国・阪神道路公団との和解による「解決」となった。

3　大気汚染公害反対運動と消費者運動をつなぐ論理

　前節でみたように，消費者運動団体や地域生協との組織間の関係構築を

表5-1　地域生協が協力した主なアピール行動

年	月日	アピール行動
1988	3.18	「きれいな空気と生きる権利を求めて――西淀川公害裁判早期結審，勝利判決をめざす3.18府民大集会」開催
1989	1.17	100万人署名スタート
	4.8	早期結審を求める5万人署名を裁判所に提出
1990	1.31	西淀川公害裁判結審総行動（2000人）
	9.8	共感ひろばスタート（～91.2）
	11.28	裁判所に公正判決を求める署名を提出
	12.20	「西淀川裁判判決行動懇談会」結成
1991	3.21	「手渡そう川と島とみどりの街」（「西淀川再生プラン」パート1）発表
	3.28	裁判所に71万8000人分の署名を提出
	3.29	一次判決（原告勝訴），「なのはな行動」
1992	6.4	「環境と開発に関する国連会議（UNCED）」参加
1993	4.16	「はるかぜ行動」
	6.29	関電の株主総会出席
	12.7	「こがらし行動」，関電との交渉
1994	4.15	「さくら行動」，関電の大株主に申し入れ
	7.21	第2次～4次訴訟結審，判決日95年3月29日に決定「パラソル行動」
	10.27	関電支店本店近畿一円一斉行動
	11.24	関電大株主一斉申し入れ行動
	12.14	北海道から九州までの全国一斉九電力会社申し入れ行動
1995	3.2	和解に先立っての確認式で被告企業が謝罪

（出所）　西淀川公害訴訟原告団・弁護団（1998），西淀川公害患者と家族の会総会議案書，より作成。

通じて，西淀川患者会は運動を拡大させ，世論の喚起に成功することで裁判に勝訴することができた。さらに勝利判決だけではなく，地球規模の大気環境問題について調査・研究することを目的とするCASAの設立は，運動をより普遍的なものへと発展させる契機となった。本節では，大気汚染公害反対運動と消費者運動が合流できた論理について，大阪消団連の消費者運動理論と地域生協の実践的な学びによる問題の「とらえなおし」という2つの面から整理する。

（1）大阪消団連の消費者運動理論

　大阪消団連は，佐藤内閣による「米の物価統制令適用廃止」の撤回を求める運動の流れの中で，1972年7月，「物価値上げに反対し，消費者の生命とくらしを守り，消費者主権の確立を期するため，在阪消費者団体の協力共同をはかり，関西並に全国消費者団体との連携を強め，消費者運動を推進」（大阪消団連，1998，12頁）する組織として26団体で結成された。その組織は，性格の異なる団体，具体的には消費者団体と労働組合や自治会などによって構成され，1960年代に分裂の多かった大阪における消費者運動のゆるやかな統一を実現したものであった。大阪消団連は，1970年代以降大阪の消費者運動の中心組織として，消費者米価引き上げ反対のとりくみから電気・ガス料金値上げ反対，インフレ・物価値上げ反対の運動，住宅・土地問題に対するとりくみなど幅広い運動を展開していった。この中には，有害・危険商品を一掃するとりくみも含まれ，結成当初から，森永ヒ素ミルク中毒事件（1955年）の被害者支援としての不買運動や企業交渉（1973年），カドミウム汚染米に対する行政交渉（1974年），カネミ油症裁判の原告団への支援（1975年～）を行ってきた。また，前節で述べたように，1980年代以降，環境問題への関心とともに国際的な運動の展開を構想するなど，消費者運動の中でも先駆的な組織であったといえる。

　大阪消団連の運動の特徴は，何より独自の消費者運動理論を構築しているということである。この運動理論によると，食品公害であるカネミ油症事件の被害者支援も大気汚染公害である西淀川患者会の運動支援も「消費者の権利」の擁護であり，消費者の義務ということになる。この「消費者の権利」とはどのようなものなのか，具体的にみていこう。

　大阪消団連の理論的支柱であった下垣内博事務局長（当時）は，1982年の論稿で次のように述べている。「消費者問題とは，消費生活のうえで起こるあるいは起こり得る可能性のある消費者被害，消費者の権利侵害のすべて」であり，「消費者被害に対する運動の反応（行政でも原則的には同じで

あるが）は，①未然にその発生をいかに防止するか ②発生した場合，消費者の立場に立った救済をいかに実現するか——そのためのルールづくりの2つに大別される」（下垣内，1982, 67頁）。下垣内氏のいう消費者被害の類型をまとめたのが，表5-2である。この規定は，被害が発生してから対応するという「後追い型」の行政に対する問題提起であった。消費者問題を非常に狭く解釈する「行政の壁」を感じた具体的なエピソードとして，下垣内氏は当時の大阪府建築部長とのやり取りを次のように述べている。

　1972年，当時の大阪府建設部長に会って住宅問題解決のため大阪府は審議会を設けてほしい，と申入れたときのことである。今でも鮮明に覚えているのであるが，建設部長は私の顔をマジマジと見つめて，「消費者団体の下垣内さんが，なぜ消費者問題でもない住宅問題に熱心なのですか」と質問してきた。私はこのような質問をまったく予期していなかったので，一瞬つまったあと，「じゃあ，部長は，住宅問題を何問題と考えておられるのですか」。すると，今度は建設部長がグッとつまり，「住宅問題は…住宅問題です」（下垣内，1994, 35-36頁）。

住宅問題を消費者問題として運動の課題としていた大阪消団連と，住宅問題を消費者問題の枠組みで捉えていなかった行政の認識との相違がみてとれる。大阪消団連にとって，行政がこのように消費者問題を狭く解釈することは大きな問題であった。なぜなら，消費者問題を「使用価値や価格において問題がある商品が，無知な消費者に販売されるという不公正な取引問題」（下垣内，1982, 66頁）のみに限定することは，消費者問題の多くを行政の「民事不介入の原則」が成り立つ領域に追いやってしまうことになる。その結果，消費者被害の未然防止に対する行政の責任を問うことができないことになってしまう。さらに，この規定では住宅問題・医療問

表5-2　消費者被害の類型

```
1．商品・役務による被害
  ①有害・危険商品の生産・販売
  ②欠陥商品の生産・販売
  ③不当表示・偽造・誇大宣伝による販売
  ④危険・有害な役務の供給

2．価格形成による被害
  ①競争のない寡占価格とカルテル行為
  ②不当に高い公共料金
  ③買占め・売り惜しみ行為
  ④便乗値上げ
  ⑤不当な大衆課税による商品の価格上乗せ
  ⑥通貨供給の膨張・インフレーション
  ⑦不当に高い地価（つりあげられる地価）

3．取引・契約による被害
  ①契約・約款による被害
  ②信用取引による被害
  ③先物取引による被害
  ④特殊販売等による被害

4．企業活動等による環境汚染・破壊による被害
  ①産業廃棄物による被害
  ②水汚染による被害
  ③大地汚染による被害
  ④大気汚染による被害
  ⑤地球環境破壊による被害
```

(出所)　下垣内（1994）41頁より転載。

題・環境問題・税制問題・物価問題など「商品」の範疇に入らない問題が「消費者問題」の枠外に置かれることになり，消費者被害発生の構図にメスを入れ，それを正していくという根本的な課題が放置されることになってしまう。大阪消団連は，こうした課題意識から，消費生活のうえで起こるあるいは起こり得る可能性のある消費者被害の全てを，「消費者問題」と定義し，運動の理論とした。

西淀川裁判の支援もまた，消費者の権利擁護運動として位置付けられていた。1988年の3.18府民大集会（前出）で，大阪消団連の代表として発言した下垣内氏は次のように述べている。

　　大阪府民の平均寿命は，女性で全国最下位，男性で下から二番目である。〔中略〕死因別では，ガン死亡は男女ともワーストワンである。これは，大阪府全体であるが，大阪市の死亡率は，ガン，肺炎，気管支炎で図抜けて高く，府民の平均寿命を引き下げている。
　　その原因の一つは大気汚染にある，と私たちは考えている。〔中略〕国際消費者権利の一つに「健康的な環境の権利」「安全の権利」をうたっているが，西淀川裁判の帰趨は，正に「府民の生存権」及び，「消費者の権利」の確保に直結している。私たちは，以上の立場から同訴訟を支援することを決め，具体的アクションの企画をすすめているところである（西淀川訴訟原告団・弁護団，西淀川公害患者と家族の会，1988，4頁）。

大気汚染公害の実態を世に問うた西淀川裁判が，「健康的な環境の権利」「安全の権利」の先にある「消費者の権利」の確保という観点からも重要であると位置付けられている。このように，大阪消団連は消費者の権利擁護運動の一環として，西淀川患者会の支援を行ったのであり，それはあくまでも消費者運動の課題として取り組まれたものであった。

（2）西淀川患者会との交流，NO_2簡易測定運動を通じた問題の「とらえなおし」

では，地域生協が西淀川患者会を支援する論理とはどのようなものだったのだろうか。それは，西淀川の公害被害者との交流とNO_2簡易測定運動を通じた問題の「とらえなおし」の過程であった。具体的にみていこう。

裁判とその運動への支援を求められた生協の職員と組合員は，患者らの

第5章　大気汚染公害反対運動と消費者運動の合流

被害への感情的な理解だけを根拠にして支援を引き受けたわけではなかった。これらのとりくみは、生協にとって西淀川患者会の支援のための活動であると同時に、生協の職員や組合員自身の大気汚染問題に対する認識を深める過程でもあった。公害患者ではない市民が、大気汚染を自らの問題として捉えることができたのには、少なくとも2つの背景があった。まず、当時の大阪では、大気汚染と被害への実感が得やすい状況にあったということである。たとえば、1989年に大阪しろきた市民生活協同組合（以下、しろきた生協と略）で行なわれた大気汚染問題の学習会の感想には、次のような文章が寄せられている。

　私の住んでいる所は、家の裏に高速道路、横に国道一号線、隣に大きな会社の商品を燃やすイヤな臭いのする……日頃から体に？　との心配を抱え（マンション内の子供達のぜんそく気味の咳をする子がほとんど）、とてもよい学習になり、何とかなるものなら動きたく思いました。今回の運動にはぜひ参加させてほしいと思いました（Aさん）。岡山の片田舎から京都の大学へ来たときは特別何も感じませんでしたが、大阪へ来て住むようになって、なんと空の汚れていることかと驚いたことを思い出します（毎日くもっているものと思っていました）。人間にとって一番大切な空気、皆で守りたいと思います（Bさん）。[23]

実際に大阪では一貫してぜんそく児童が増加傾向にあり、子を持つ親である生協の組合員にとっては、身近で大きな問題であった。また、1978年以降「大阪から公害をなくす会」が事務局となって、市民によるNO$_2$簡易測定運動が実施され、広く普及していたということがある。[24] カプセル状の簡易測定器で大気中のNO$_2$濃度を測定する「天谷式」と呼ばれる方法で、第1回には1万1000個、第2回（1984年）には6245個、第3回（1989年）には約7000個のカプセルがボランティアによって大阪府全域に

153

設置され，毎回，その結果をもとに大阪府下のNO_2濃度分布図（地図）が作成・公表されていた。第３回からは，大阪府下の地域生協もこの測定運動に参加しており，生活実感としてだけでなく，具体的な数値としても大気汚染の実態を知ることのできる条件があった。

しろきた生協は，この簡易測定運動に参加し，その結果を機関誌『しろきた』で公表した。自分達の住む地域の深刻な汚染を目の当たりにした組合員の衝撃は大きかった。その時の様子をしろきた生協の理事を務めていた藤永延代氏は次のように述べている。

　　簡易測定は３回目やけど，しろきた生協は暮らし環境を守る立場で初めて参加し，560名の組合員さんが参加してくれた。それで結果がきたんですよ。〔中略〕そうしてこれ見てもらったら，第一位〔大阪市〕北区って。この第一位すごいですよ。0.112ppmやったかな。これ出しはった人〔この数値の場所で測定をした人：引用者〕から電話かかってきて。引越しせんとあきませんやろか？　なんかこうマスクせんとあきませんのやろか？　って。そんなんお宅もね，みんな動いてはりますねんから，みんなこのマスクして歩くわけにいかんしって話になって。やっぱりね，みんながよくなって自分もよくなるから，大阪全体の空気がよくなったらお宅もよくなるわけやから，この測定を通して，まずはね，この虐げられて補償もされてない患者さんを救うとこからはじめましょう。私たちはいわば潜在患者や。次の患者さんやから。だったら患者さんを救う運動やない，自分達を救う運動やから，そう思って一緒に応援していきましょう，と言ったんですよ。[25]

簡易測定の結果は，100万人署名への協力にも大きく役立てられた。西淀川の大気汚染問題に，他の地域に住む自分達がなぜ協力しなければならないのかという組合員の疑問に答え，自分達が「次の患者」，「潜在患者」

第5章 大気汚染公害反対運動と消費者運動の合流

だということを明らかにするのに十分なものであった。

このように，生協の組合員や職員も，決して最初から西淀川患者会の運動に理解があったわけではなかった。簡易測定運動や学習会で，自分の住む地域の深刻な大気汚染の事実を目の前に突きつけられたことで，大気汚染とその被害を自らの問題として「とらえなおす」ことになったのだろう。大阪で暮らしていく限り免れえない大気汚染への理解を深めたことが，その後の患者からの被害の訴えに対して耳を傾け，その運動に協力していく原動力になったと考えられる。

西淀川区をエリアとする大阪よどがわ市民生活協同組合（以下，よどがわ生協と略）では，この簡易測定運動は西淀川裁判の支援を躊躇う組合員らの納得のツールとなるものであった。1989年当時，よどがわ生協の理事を務めていた辰巳春江氏は，次のように述べている。

〔組合員らは：引用者〕西淀川地域の問題だったため関心は強かったが，西淀川にマンションがぽつぽつと建ちだした時期で，若いお母さん達が入居しだしていたときだった。他の地域から西淀川に移ってきて，西淀川のことを何も知らない人もいた。班会の中で話をしていると，そういう運動をすると「公害のまち」に来たということで，自分達の住んでいるところが「ばら色のまち」ではなかったということになるから，運動をして欲しくないという人も何人かはいた。昔から住んでいる人に歴史や体験談も色々語ってもらったりもした。そんな時に，みんなで簡易測定をしてみようという提案をし，してみることになったと思う。実際の数字で見ることで，組合員らが次第に関心を持っていったということもあった。こうした実感が，後の「なのはな行動」〔1991年3月29日の第一次訴訟第1審判決日に行われた，患者らと生協を始めとする支援者らが行ったアピール行動（約6000人が参加）：引用者〕への協力にもつながっている。「なのはな行動」で一番前で横断幕を持っているのは，よどがわ市民生協の組

155

第Ⅰ部　公害問題と地域社会

写真5-4　なのはな行動（1991年）

合員さん。よどがわ市民生協の代表として先頭に立たせてもらった。[26]

地域生協との交流は，患者自身にも大きな変化をもたらした。裁判提訴以来，患者たちは法廷や行政との交渉の場で，自らの被害とその苦しみを切々と訴え，頭を下げ，お願いして問題を理解してもらう運動に取り組んできた。地元での裁判に対する根強い偏見は，裁判の長期化とともに，患者に重くのしかかり，地元での宣伝に二の足を踏ませた。理解してもらえるかどうか分からない，むしろ自らの訴えをできるだけ過小評価して受け止めようとする相手を前に，一方的に訴えかけるのは，どれだけの精神的苦痛を伴うものであっただろう。それでも，患者たちは一貫して運動の先頭に立って，支援団体の開拓と協力の依頼に回った。それは，当初は自分達の被害の救済のみを願ってのことだったかもしれない。しかし，地域生協で開かれた大気汚染問題の学習会には，患者の訴えに涙し，共感し，理解を示してくれる職員と組合員の存在があった。支援団体の開拓のために，西淀川患者会とともに訴えに回った前出の早川弁護士は次のように述べている。

第5章　大気汚染公害反対運動と消費者運動の合流

　生協の集会に行くと，患者さんが元気になった。患者さんは地元のビラまきなどは及び腰であり，地元でビラを撒くまでには時間がかかった。〔中略〕自分たちがやっている闘いに正当性を見出せるようになったのは，生協との交流だった。生協のお母さんたちは被害者の話を聞いて泣いてくれた。

　患者たちは，自分達の訴えにこうした反応を示してくれる職員・組合員らをみて，自分達の辛さが被害者以外の人々にも伝わっているという確かな手ごたえを感じたに違いない。周囲に認められ，応援され，運動の意味を「とらえなおす」ことによって，患者たちは被害の救済にとどまらない次の運動のあり方への視野を獲得することができたのではないだろうか。
　このように，地域生協の西淀川患者会支援は，大阪消団連のようにもともとの運動の志向性を基礎にして実現したというものではなく，西淀川の公害被害者らの訴えが，大気汚染の生活実感とその具体的根拠とともに理解される過程を経て，実現したものといえる。換言するならば，地域生協は西淀川患者会との相互関係の中で，消費者運動の新しい課題を発見し，それを自らがとりくむべきものとして受け入れていったのであった。

4　「環境再生のまちづくり」を支えるネットワーク

　大気汚染公害反対運動と消費者運動の合流は，1980年代末に西淀川患者会がその運動を転換――当局に対して「被害救済の正当性を，患者の要求に基づいて論理的に示していく」というものから，「この運動が持つ普遍性の強調，すなわち西淀川の運動は幅広い市民が支持する運動である」ということを前面に押し出していくものへの転換――するために企図されたものであった。西淀川患者会は，運動の「転換」のためにそれまでの支援団体との協力関係を維持しつつ，消費者運動を始めとするさまざ

まな市民運動へ働きかけを行い，図5-1にある運動ネットワーク（運動体）を構築した。そして，この運動の「転換」の過程は，西淀川患者会とその支援者らが，西淀川地域における大気汚染問題を大阪府全体の問題あるいは地球環境問題という，より普遍的な課題としてとらえなおすという過程でもあった。

　本章では紙幅の関係上，西淀川患者会と消費者運動団体との関係に限定して論述を行ったが，1980年代末から1990年代半ばにかけての時期には，消費者運動団体に続いて，大阪の都市再生に取り組む「大阪をあんじょうする会（大阪都市環境会議）」やグローバルな環境運動の連携を目指した「アースデー1990公害被害者ネットワーク」，「国連ブラジル市民会議」などが西淀川患者会の運動ネットワークに合流した。特に「大阪をあんじょうする会」は，1990年代を通じて西淀川患者会のアピール行動の企画づくりに深く関与し，西淀川地域における「環境再生のまちづくり」の核である「西淀川再生プラン」の作成に大きな役割を果たした。

　このように，西淀川における「環境再生のまちづくり」は，第1章で指摘されているように，被害者運動が外側の「市民運動」との相互関係の中で，互いの戦略や意図を尊重しながら新たな展開を模索する中でうみ出されたものであった。被害者運動でありながら，より広範な市民からの支援を得るには，個別的な課題をより普遍的な課題に近接させていくことが必要であり，それは他の社会運動とのネットワークづくりの中で可能となったのである。

注
(1) 1977年に「大阪公害患者の会連合会」に改組。
(2) 1981年に「全国公害患者の会連合会」に改組。
(3) 西淀川患者会が結成される前の1969年には，補償法の前身ともいえる「公害に係る健康被害の補償に関する特別措置法」が制定され，公害による疾病多発地域の指定や公害患者の認定が行われていたが，公害患者らの生活補償という観点が

第5章 大気汚染公害反対運動と消費者運動の合流

含まれておらず不十分なものであった。
⑷ 『青空』(西淀川公害患者と家族の会) 10号, 1973年11月20日。同『青空』16号, 1975年1月15日。
⑸ 1988年10月に結成された「大気問題市民会議」は, 89年3月に「大気問題を考える全国市民会議」, 90年6月には「地球環境と大気汚染を考える全国市民会議」(本文で前出)と改称されている。この改称は, CASAが日本の環境NGOとして国際的な運動を行っていく上で, 戦略的に行われたものであるが, この変遷については別稿の課題とし, 以下ではCASAという略称で統一して表記する。
⑹ 早川光俊弁護士からの聞き取り (2005年10月25日)による。
⑺ 「弁護団会議資料 早川メモ1988年5月7~8日」公害地域再生センター付属西淀川・公害と環境資料館(エコミューズ)所蔵資料, 早川光俊弁護士資料No. 325。
⑻ 「裁判支援の世論と運動の構築について(弁護団会議メモ)1988年8月19日」, 早川光俊弁護士資料No. 329。
⑼ 同上。
⑽ 同上。
⑾ 同上。
⑿ 同上。
⒀ 早川光俊弁護士への聞き取り (2010年11月5日)による。
⒁ 西淀川公害患者と家族の会『第17回総会議案書』1988年12月3日, 21頁。
⒂ 同上, 14頁。
⒃ 当初この企画は, 日本政府と国連環境計画 (UNEP) が共催する「地球環境保全に関する東京会議」に市民・環境NGOの声を反映させるという趣旨で立案されたものであった。しかし, シンポジウムへの国内環境NGOの参加や海外参加者の旅費・滞在費の負担などについて, 政府との調整が難航し, 最終的には4団体による独自開催となった。
⒄ CASAによると, 国連環境連絡センターとは, 「国連環境計画 (UNEP) と協力・連携している国際環境NGOセンターで, 〔中略〕ELCIの正式会員は, 国連の諸機関, 例えばUNEP, FAO (国連食料農業機関), IFAD (国際農業開発基金) などに代表を」送ることができる (『CASA Letter』'91 No.1, 1991年2月, 2頁)。
⒅ 第1次訴訟判決翌年の1992年にブラジルで開催された「環境と開発に関する国連会議 (UNCED)」には, CASAが中心となり18団体96人の代表団を組織して参加した。西淀川患者会は, 全国連合会の一構成団体としてこれに参加した(地球サミット&グローバルフォーラム '92参加NGO代表団編, 1992)。図5-1の「国連ブラジル会議市民連絡会」は, この会議に参加した市民運動団体の連絡組

織で，CASA 代表団もこの一員であった。
(19)　生協の職員や組合員には，CASA の活動と西淀川裁判支援とが別々に認識されていることも珍しくなかった。実際に西淀川患者会と CASA はそれぞれに独立した運動を行っていたため，こうした認識は当然のものであったともいえる。たとえば，大阪消団連の活動報告書でも，西淀川裁判支援へのとりくみと地球環境問題へのとりくみとが，別々の項目として記述されている。また，筆者が行った大阪消団連や生協の関係者への聞き取りでも，CASA が西淀川裁判支援を目的に設立されたという経緯については，当時運動に協力していた人々全員に共有されていたものではないことが確認できた。
(20)　西淀川公害患者と家族の会『第18回総会議案書』1989年12月13日，同『第19回総会議案書』1991年3月2日，同『第20回総会議案書』1991年11月2日。
(21)　1990年1月の西淀川公害裁判結審総行動（2000人参加）には，大阪消団連の加盟団体である地域生協から330人が参加した。
(22)　なかでも，カネミ油症の被害者救済運動には，支援組織の中核を担うほどに深く関与しており，この経験が，大阪消団連が後に公害環境問題へとりくみを広げていく布石にもなっている（入江，2011）。
(23)　『しろきた』（大阪しろきた市民生活協同組合）No.265, 1989年4月10日，2頁。
(24)　大阪市教育委員会が発表している「学校保健統計」の数値でも，幼稚園から高校生までの子どものぜん息被患率は，1970年から2002年まで一貫して増加している（長野，2004, 41頁）。
(25)　藤永延代氏からの聞き取り（2008年9月27日）による。
(26)　辰巳春江氏への聞き取り（2012年6月13日）による。
(27)　早川光俊弁護士への聞き取り（2005年10月25日）による。
(28)　一方，1980～90年代における市民運動の興隆は，上野ほか（1988）や佐藤編（1988）が注目し「女縁（脱専業主婦のネットワーキング）」，「女たちの生活ネットワーク」として指摘した，活動する主婦層の存在に支えられたものであった。大阪や西淀川地域における消費者運動の担い手の多くもまたこうした主婦であった。このような「ポスト工業化」段階における運動は，それまでの労働運動を核とした社会運動からの脱却と生活のあり方を見直す運動への転換を象徴するものとして，日本における「新しい社会運動」として注目されるものでもあった。1980年代末における西淀川の運動の転換が，このような社会運動の盛隆を背景に行われていたことは注目に値する。他方で，長引く経済の低迷と1990年代以降急速に進んだ主婦層の解体は，その後の市民運動の展開にも大きな影響を与えている。西淀川患者会への影響と今後の課題については，別稿の課題としたい。

参考文献

入江智恵子(2011)「消費者運動と公害反対運動をつなぐ論理の考察──『全大阪消費者団体連絡会』を素材にして」『大阪市大論集』第126号,1-23頁.

上野千鶴子・電通ネットワーク研究会(1988)『「女縁」が世の中を変える』日本経済新聞社.

佐藤慶幸編著(1988)『女性たちの生活ネットワーク──生活クラブに集う人びと』文眞堂.

下垣内博(1982)「消費者運動の課題」『市政研究』第54号(冬季号),66-76頁.

下垣内博(1994)『消費者運動──その軌跡と未来』大月書店.

全大阪消費者団体連絡会(1998)『道を拓いて──大阪消団連25年のあゆみ』.

地球サミット&グローバルフォーラム '92参加NGO代表団編(1992)『私たちの地球サミット』.

長野晃(2004)「自動車排ガス汚染と子どものぜん息の増加」大阪から公害をなくす会・交通問題研究所編著『自動車公害根絶,安全・バリアフリーの交通をめざして』自治体研究社,37-55頁.

西淀川公害訴訟原告団・弁護団(1998)『手渡したいのは青い空──西淀川公害裁判全面解決へのあゆみ』.

西淀川公害訴訟原告団・弁護団,西淀川公害患者と家族の会(1988)『きれいな空気と生きる権利を求めて──大阪・西淀川公害裁判の勝利を』.

第Ⅱ部

西淀川公害を語る

1 公害認定患者が語るぜん息の苦しみ

岡崎久女さん（公害認定患者・2次訴訟原告）

> 2011年8月8〜11日，「公害地域の今を伝えるスタディツアー2011」（あおぞら財団主催）が西淀川で開かれた。その2〜3日目に，4班に分かれて関係者からのヒアリングが行われた。以下は，2日目に，岡崎さん（当時62歳）が参加者に向けて語った内容の記録である。ツアー参加者は50人（学生23，教員9，社会人18）であった。

おいたち

1949年生まれ，出身は高知県の安芸市です。橋の上から見ても川の水が透き通っていて，魚が見えるくらいの田舎でそだちました。まだ結婚して間もない時に，旦那と一緒に帰省したら父親がウナギを食べさしたるって，晩にシバ，木の枝とか雑草をちょっと束ねて，2つ3つしかけておいたの。うちの旦那は「そんなんで獲れるんか」とかいっていたけど，あくる日の朝行ったら，ウナギが入っていました。「うまかった。あのウナギはよう忘れん」って旦那はいつも言います。それくらいきれいな川でね，小さい頃はほんまに山でも，川でもよく遊びました。

中学卒業後に尼崎，結婚後に西淀川へ

中学校の卒業式後の2日目か3日目に尼崎に出てきました。今のJRの尼崎駅に洋品店があって，住み込みで働いてました。靴以外の紳士服，婦人，子ども服を取り扱っていたので，下着も靴下に至るまで，全部揃いま

す。そういうお店やったから，同じように住み込みの子が多い時は20人くらいいました。店の2階がみんなの寝床になっていて，おもしろかったけどねぇ。その頃の尼崎は晴れても青空がなかった。苦しかった。青空を見たことがない。ずーっと曇り，晴れてても曇り。どんよりしていました。

スタディツアーで話す岡崎さん

1973年に結婚をして，西淀川区の大和田に来ました。西淀川は，尼崎よりちょっとはきれいだと感じました。きれいといっても，すごいグレーから薄いグレーになったぐらいです。町全体が明るい感じがしました。でも，結婚後しばらくはまだ尼崎へ働きに行っていたので，神崎川にかかる千船大橋を渡る時はすごく臭かったです。結婚してすぐ身ごもって，ちょうどつわりがひどくなるころやから，千船大橋を通ってるとすごく気持ち悪くなってました。ヘドロの匂いと，ポコポコとメタンガスが川面に湧いていました。今の神崎川はちょっとだけ，見えるようになってきたけど。自転車が落ちてるのが見えるぐらいにはなったかな。

ぜん息を発症

子どもが生まれる前に，仕事はやめて家におるようになりました。ぜん息になったのは下の子が生まれてから，1976年です。最初の時だけは，忘れられない。なんで息ができないのかわかりませんでした。吸われへんのか，吐かれへんのかもわからない。息をするのに空気がない感じ，それを一生懸命吸おうとするのやけど，吸えてない。吸うのにもすごい力がいる。11月の夜中の11時半くらいでした。夜中に旦那が酔っぱらって帰って来て，12時半ごろ，千北病院（現・千北診療所。第I部第2章，写真2-2）

に連れてきてくれました。

　吸入だけやって，明日もう1回診察してもらってって言われたので，あくる日にまた旦那についてきてもろうて，診察を受けました。倉井先生といって，いい先生だった。年いったおじいちゃんの先生やったけど。その先生に「これはぜん息やな」って言われました。

千北診療所（元・千北病院）

　晩に連れてきてもらった時はちょっと歩きづらかった。自転車で，自転車の後ろに乗せて，お父さんが押して歩いてくれた。動きづらい，歩くのにすごいつらいっていうのがあったから。お父さんは青白い顔して，「何があってん」と，職人だから，怒鳴る感じで上からものを言うんですよ。でもね，あくる日はそんなに怒鳴る感じではなくなっていました。

　診察して，吸入はずっと続けた方がいいって言われたので，子どもつれて吸入に毎日通院しました。だから，裁判の時に，通院歴を証拠に出すんやけど，こんなに病院に来てたのって谷智恵子弁護士に驚かれました。

子どももぜん息を患う

　次男の幼稚園年長の頃に，私の症状がひどくなりました。次男もぜん息です。子どもも，なんか受け継がんでいいところを受け継いじゃって。私はぜん息になった最初の3，4年くらいはそんなにひどくならなかったの。子どもが幼稚園に入って，年長さんの頃から私もすごい調子が悪くなって来て，だんだんひどくなってきました。毎日，夜中の3時くらいからが一番ひどかったな。子どもは11時，12時頃からぜいぜい言って，眠たいのに，寝返りしながら呼吸できなくて，苦しくて，ころころしてる感じ。あの時，次男が「お母さん，苦しいよう」言うて。息ができない状態でいう

から，「お母さん，苦しいよう」って，か細い声でとぎれとぎれに言うんよ。あれだけはよう忘れられません。

　自分も発作が起きてるけど，子どもも同じ状態で発作が起きるから，子どもの様子見てこれじゃあかん思って座らしたりとか，自分も苦しいから抱っこしていても限界がくるから，座らして，背中さすったりとか。それが精いっぱいだもんね。あと薬飲まして，水飲まして，治まるのを待つ間に，できることってそれくらいしかないのよ。発作が治まらんかったら救急車を呼ぶしかない。11時半，12時，ひどくなってきたらだいたい1時，2時ごろになるから。その時分になったら，「俺は明日仕事やぞ，はよ病院連れて行け！」って旦那に怒鳴られてしまう。せやから，子どもを外へおんぶして出たりとかするのやけど，自分が余計苦しくなるから，ちょっと下ろしたりとかして。そういうつらい日もありました。息子のぜん息はまだ続いてます。今はある程度自分でコントロールできるようになったようですが，20歳のころはとび職をやっていて，発作が起きて足場から落ちて，頭打って，救急車で運ばれてという事もありました。

　子どもは具合悪いと，ほんまにひゅーひゅー言うてる。「まつりの夢に一際高き笛の音と思いしは隣りベットの子の喘息なりし」って短歌を昔に書いたけど，ほんまにそういう感じやねん。ひゅーひゅー言うてね。親にしたら子どもの発作はつらい。自分がぜん息だから子どものつらさがすごくわかる。嫌や。ほんまに嫌やって思うで。

発作をコントロール

　しょっちゅう私も発作を起こしてたけど，上手に自分でコントロールできるようになるには，20年，30年とかかりました。最初の5，6年は，子どもと一緒にどうしたらいいんかがわからなくて大変でした。たしかに，今は薬がよくなってきたというのもあります。メプチン（気管支拡張剤）は必ず持ち歩いています。予備も入れておかないと，怖いんですよ。以前，

これを持ってなくて，一緒にいた人たちは健康だからズンズン歩いて行くけれど，私はついていけなくなって，すごい苦しくなって，「顔色悪いから帰ろうか」と言うてる暇もないくらい，青白くなってきて。「もう，よう行かん」言うて。結局は仕事ができなくなっちゃって，面倒かけたなっていう思いがあります。

　ある日，お父さんが「住之江のボート場に行こか」って言うから，私はどうせ行っても昼寝してるだけやねんけど，帰る時に，歩いて，電車に乗るちょっと手前まで来たんやけど，すっごく苦しくなって，「歩いてられへんわ」言うて。救急車呼んでもらって，西淀（病院）へ行きました。長く入院しなくても，今みたいにコントロールできない時は，結構頻繁に入院していました。夜中の2時頃にタクシー止めて，それで行けたの。タクシーに乗っても，タクシーの中で，息ができなくなってる時に，診察券見せたら，運転手さんはたいがいわかってくれて病院に連れて行ってくれた。今の運転手さんと違うて，やっぱり当時はぜん息患者が多かったから。

　それからしばらく経ってのことやけど，日曜日やったかな，お父さんが早く出て行かないでまだおった時があって，具合悪くなって，そのまんま入院。行ったときに，うちの旦那が怒られてたの。日曜日やからパートの先生やけど，それだけは聞こえてきました。「何でもっと早く連れてきいへんねん」って怒られていました。「何で俺が連れて行って怒られんならんねん」って旦那は文句を言っていました。

　発作時にはステロイドの点滴をする。1本目で治まらなかったら3本まで点滴をする。急に体にステロイドを入れるからすっごい気持ち悪くなるんです。発作が治まってなくても，「もういいです」っていって家に帰るんやけど，そういう無理をすると，また発作が起きて病院に舞い戻ってこんならんこともありました。

気を失うほどの発作

そんな体調でもパートをしようと思って,1988 年に尼崎の鍋物屋さんにも行きました。そこは晩に働きに行ってたんだけど,夕方の 5 時からやから 4 時半ごろにお店に入っていました。昼間に買い物に行って,晩御飯の用意をしてから仕事に行っていた。

買い物して帰ってくるときに,阪神電車の尼崎から出来島への電車の中でかなり強烈な発作が起きてしまいました。電車に乗る前からちょっとやばいなとは思っててんけど,どうにもならなくなりました。発作が起きていても,電車に乗ってる人,みんな知らん顔なんですよね。たぶんどうしていいかわからんのやろなって,後では思うのだけど。息ができない苦しさっていうのはほんまに,どうしたらいいんだろうって思う。

駅に到着しても,駅員さんいないし,下へ降りてきても,力抜けてしまって,呼吸できなくなったら,立っていられないんですね。手を挙げる力もないし,ほんまにぐにゃってなって,ていう感じ。タクシーもないし,かろうじてライフ(スーパーマーケット)まで歩いた。エスカレーターのところにいたら,ちょうど従業員の人がいてて,「タクシー呼んでください」て言いました。声が出ないくらいの状態で,ほとんど朦朧としている様子を見て従業員の方は「いや,タクシーじゃだめでしょ,救急車呼びますね」って言ってくれました。その後は,ほとんど意識ない。エスカレーターのとこで,へたばりこけて。そのまま覚えてない。尼崎のお店には電話入れて,結局クビになっちゃいましたけどね。

最後の大きい発作は 1998 年にありました。朝 4 時半くらいから発作が起きて,具合悪くなって,どうにも動けなくなって,4 時半から 5 時の間に,もうあかんと思って,お父さんのお布団を,引っ張る力もないけど,引っ張ったら気がついて起きてくれた。ようあれでわかってくれたと思う。あれでわからんかったら,意識なくなったやろうな。そのくらい,ひどかった。その時は何も言わんとぱっと起きて,頭のとこにある電話で救急車

を呼んでくれて，救急隊が来たのだけはわかってんねんけど，起きたまま胡坐になった状態で，固まってました。そこで意識がなくなった。

お父さんが「僕は後から自転車で行きますから」って救急隊の人にいうたら「何言うてんねん，この状態じゃもう危ないから一緒に行きなさい。ちゃんと手を握って声かけといてください。そうじゃないと，意識戻りませんよ。」って言われたらしい。2時間くらい仮死状態のまま。病院で公害医療の点数をなんかかんか言って処置が遅くなりそうだった時に，救急隊の人が「もう，点数なんかどうでもいいから，ちゃんと処置してください」って言うてくれたのがすごいうれしかったって，旦那が言うてました。人工呼吸器つけるかどうかの瀬戸際やったけど，今はこんなにしゃべれるくらいに生き返りました。

診療所でぜん息を学ぶ

調子悪いな，おかしくなってきたら，口すぼみ呼吸になっちゃってる。最初のうちは，呼吸器教室っていうて，ボロボロの診療所の時にね，こういう状態の悪い患者が，昼休みの時間に先生や，検査の先生が気管に見立てた筒を見せながら「ここで詰まるから」と説明してくれた。それがわかりやすかった。今でも小さい発作は起きています。発作が起こるきっかけみたいなのは，気圧の変化が一番大きいかな。

ぜん息の症状が出はじめたころは，大気汚染とかが原因だっていうことはだいたいわかっていました。症状が出てから，認定されるまでは，早かったです。最初の夜中に来て吸入して，あくる日に検査してもらって，それで先生が書類出しとくっていう感じで。申請してもらったらそのまんま認定されました。

公害病で一番つらかったこと

ご飯食べる時に，咳き込んで痰がでると嫌がられる。だから自分はご飯

食べるのをやめて、食べない時もあったよ。後で食べたりとかね。だから、神経つかう事は多い。

ただ、やっぱり自分が一番公害になって嫌やったのは、子ども3人目を授かった時に、内科の先生も、婦人科も、「ちゃんと産んでる人もいてるから、大丈夫だ」って言うたけど、ずっと薬飲んでるわ、点滴しながら、ステロイド使ってる時やったし、「1年間お腹にいてる間に、そういうことせんで我慢できるか」って、旦那に言われた時に、すごい、息飲んでしまった。ずっと悩んで悩んで、「やっぱり産む」って言った時に、旦那が何日かして、私の身体を心配して「やっぱり堕ろせ」って言ってきた。

私は、最初は子どもを堕ろすなんて思わなかったし、旦那がそういうとは思ってなかった。私がそれに耐えて、ちゃんと反発して、産めるような体調じゃなかった。そういう力もなかった。あの時は、今より多く薬を飲んでて。ぜん息発作がしょっちゅう起きていて、小発作じゃなくて中発作くらいのがずっと起きていました。

結局、堕ろすことが決まった時に、堕ろしに行くときに、すぐ近くやねんけど、すごいつらかった。公害じゃなかったらって、すごく思って、独り言のようにぶつくさ言いながら、病院まで行って。病院で、先生が「どうやった？　昨夜（ゆうべ）発作起きてないか？」って。「いや、明け方からずっと発作が起きてた」って言ったら、「麻酔は使えないぞ」って。台へ上がって、両手両足押さえられて、何か、処刑されるみたいに。ほんとに、しっかり両手を押さえられて。すっごい苦痛。もう、中身えぐり取られるみたいな感じで、すっごくつらかった。体の痛みもなんやけど、耐えられないよ、ほんとに。でも、この子に対して、「ごめんね」って。あれだけはよう忘れん。「あの子がいてたら…」って。女の子だったみたいやけどね。つらかったです。あの時だけはもう、ほんまに。その手術されてる間、我慢できなくなって、その状態の中で、わーわー泣いてました。押さえられてて、かっこ悪かったけど。でもつらかったです。

公害でもちゃんと産んでる人もいてるけど、中には私みたいな人もいてるんだっていうことは、今から若い人たちが、命を誕生させる時に、そういう思いもあるんだっていうことだけは、わかってほしいなって。

語り部になった思い

息子が、今三十なんぼの息子が、ひとつ言ったことがあって。中学校の時に、高校をどこいくのか話していた時に、引っ越ししようかって言ったら、「おかんにはな、ふるさと田舎があるからあれやけど、俺にはここがふるさとやぞ」ってな。そっか、って。その時はそんなこと全く考えなかった。自分の田舎がある、ああそうやな、この子にはここが田舎なんやなっていうことが。あほな親やなって思った。なるほどなと。それから、ほんじゃあがんばって、病気を治していかなあかんな、町をきれいにしていかなあかんなって。そういう思いがあって、しゃべり（公害の語り部）になりました。おしゃべりばっかりです。昔はようしゃべらんかったのに。

それでも子どもを堕ろした話は、最近あんまり言わんかった。久しぶりに、言うてもわかる人って思うたから話しました。

語り部は小中高大学、全部行ってる。東京農業大学で話した時は大規模やった。毎年6月にある東京での公害被害者総行動の前に、みんなより一日早く東京へ行くもんだから、お父さんから「おまえ、どこ行くねん」て言われたんです。「ひとり早く行ってな、しゃべらないかんねん。東京農大でな、それが三元中継（世田谷・厚木・北海道）やねん」って言うたら、「へぇ、おまえも口だけ達者になったからな」って言われました。

語り部をしているとすごく、強くなれるんよね。何事にも鍛えられてるわ。患者会にも、公害反対運動にも鍛えられてると思います。

生きることって大事。「暑いなぁ」って言うやん、みんな。「ほんまやな、でも、その言葉は全部自分にかかってきてんねんで」っておばちゃんたちに言うねん。「人間がこうやってしたんやで、地球は。温暖化進めてきた

んやで」「あんたもその中のひとりやで」って。「そんな難しいこと言うたってわからんがな，暑いがな」って，言い返されるけどな。なかには，「ほんまやな」って言う人もいてる。

　ほんまに，何とかしてほしいな，じゃなくて，せなあかんねんなって思います。

2 西淀川公害訴訟に関する弁護士の活動

井上善雄さん(弁護士)

> 以下は,第14回西淀川地域研究会(2003年10月14日)でのご発言をもとに,加筆修正していただいた文章である。同研究会は,本書の監修者の一人である小田康徳が主宰して,2001年8月に発足した(現在は,あおぞら財団付属 西淀川・公害と環境資料館が主催)。第14回は,井上弁護士の所蔵資料の検討をテーマとして開催された。

おいたち

 私は,1946年生まれです。今は,奈良県に住んでいます。生まれたのは母親の実家で広島県ですが,まもなく旧町名は西淀川区野里だった姫里に住み,御幣島に移って,1952年から姫里に移り,1971年に結婚してから奈良県橿原市に移りました。ちょうど24年間,大学を卒業して弁護士になるまで西淀川にいたわけです。だから1950年のジェーン台風,大野川の水があふれた1961年の第二室戸台風は恐怖の体験でした。
 私はまさに西淀川公害の中で育ちました。西淀川の公害がひどかったのは1950～60年代でしょう。ほとんど無規制のばい煙の工場地帯でした。そして,私は,はなたれ小僧だったわけです。姫里小学校の低学年時代はずっと耳鼻咽喉科に通っていました。医師が薬をピッピッとつけるだけで,余計刺激をして余計鼻汁が出て終わりなわけです。でも親にしたら,治療費が1回100円かかっても,医者に通わすわけです。それが,西淀中学校と進み体力がついてきて,やっとはなたれ小僧じゃなくなってきた。でも,

工場の煙が原因とそれなりに思っていた。そのことが弁護士になって裁判をする被害者住民への共感につながったといえるでしょう。

西淀川公害訴訟と弁護士

西淀川地域の大気汚染公害は戦前からあって、大阪精錬事件等の裁判もありました。元検事で弁護士となり、日本国憲法発布当時の大臣になった一松定吉氏は、戦前、この公害訴訟に関与していたと思います。一方、戦後、大阪で弁護士となり西淀川の選挙区から議員となった東中光雄弁護士は、議員、政治家として被害救済について活動されました。

左から山川元庸弁護士、津留崎直美弁護士、井上善雄弁護士
被告企業を空中撮影した後の集合写真（1983年8月13日）

西淀川公害の場合、戦後の四大公害訴訟などで言われているような1960年代以降、若手の弁護士が調査をして公害弁護団をつくっていく活動がすんなり進みませんでした。公害弁護士の手法は労働弁護活動に学び、その精鋭が、公害弁護団を形成することになる青年法律家協会（青法協）に入っていました。公害問題では、青法協に所属する若手弁護士が果たした役割が大きい。

1960年代から、公害問題に対する取り組みということでは新潟水俣病裁判、富山のイタイイタイ公害への取り組み等が本格的に動き出した。イタイイタイ病の公害事件提訴では、地元弁護士会の弁護士だけでは難しいということで、全国の弁護士に参加を呼びかけました。

そして四日市大気汚染公害です。この裁判は1972年の一審で勝訴が確定しました。そして、全国の大気汚染被害者に光明を与えました。しかし、早期勝利の一方で、四日市の被害者は後の被害者の救済水準から考えると、損害賠償額が低くなったと思います。

2　西淀川公害訴訟に関する弁護士の活動

　四日市の大気汚染裁判がされているとき，すでに大阪には深刻な西淀川をはじめ大気汚染公害があった。国や産業界は裁判を避けようと動き，被害患者は治療費にも困り，中途半端でも救済をうけることが大切という運動をしていた。四日市判決で十分な救済をという声が高まりました。しかし，弁護士は四日市のコンビナート公害と異なり，裁判の問題となると難しくて手がつけられないと言っていました。被害は分かっているけれど，多くの心ある弁護士も裁判となるとエスケープしていました。

　環境権提唱のニュータイプの活動をした，大阪弁護士会公害対策委員会で活動された弁護士には，労働者側について活動する弁護士（労弁）はいなかった。この人達は，一般の市民ないし企業関係の仕事もする弁護士で，青法協の会員も多くいました。

　青法協に対しては，1970年ごろから，最高裁や自民党あたりが左翼集団として攻撃をはじめました。それまで青法協には裁判官も入り，憲法を守りましょうというゆるやかな団体でした。それが，北海道で牧場主が自衛隊の電話線を切った事件で，自衛隊の合憲性が争われた恵庭事件裁判では，担当した福島裁判官がたまたま青法協の会員であったことから，青法協の裁判官は共産党系だと「赤」のレッテルを貼って，右翼側が裁判官を攻撃したのです。青法協は労働問題に取り組む団体ではなく，市民派の人たちで活動していました。

　当時，弁護士会の会長は，経済的エスタブリッシュメントで，「子分」がたくさんいるとかでなしに，会の中で少しずつ民主的な投票で決まるようになっていました。当時の若手の人達が大きな影響力を持つことで弁護士会も民主化していった時代です。

　私は1969年に司法修習生になり，1971年から弁護士として活動しますが，その少し前から先進的な先輩達は公害問題に取り組んでいた。1960年代は，公害問題は人類の危機だと言っている時代ですから，公害問題に右も左もなく，それまでの労使の対決みたいなのとは違って取り組みやす

手前から被告企業である此花区の住友金属と大阪ガス，淀川をはさんで西淀川区が見える（1983年8月13日）

かったんですね。ただ，先に述べたように西淀川公害は汚染源が多く，とくに誰が悪いのかが分からないという見方でした。私の司法修習生時代，群馬県安中市での精錬所の煙公害の調査に習い，大阪で堺のコンビナート調査・三宝地区の聞き取り調査をしていました。堺・高石の大気汚染公害なら新日鐵の汚染源が見え見えです。西淀川公害だとあまりに多い汚染源の被告の特定に困ったのです。「公害知事さんさようなら，憲法知事さんこんにちは」といわれ，黒田了一さんが府知事に当選していた時代で，皆さんの公害問題に対する関心や意識は前からあったと思いますが，西淀川公害で訴訟をするということは，難しいと思われていた。

提訴へ

四日市の 1972 年 7 月 24 日の判決で，住民も西淀川公害についての視方・考え方がちょっと変わってきた。1965 年以降，大阪市と独自に交渉して救済制度を勝ち得たという運動面でのすばらしい活躍もあるけれど，四日市判決以降，弁護士に訴訟に関する話が持ちかけられるようになった。

私はその時，青法協の事務局メンバーでしたが，森脇君雄さんが来て「井上さん，何とかなりませんか」と言われるようになり，さてどうしようかと青法協の仲間で本格的に取り組みだしたのが1973年だったと思う。ただ，大きな問題なので，大阪弁護士会に持ち込んでみんなで大きな取り組みにしていこうということになった。というわけで，大阪弁護士会に西淀川公害問題への取り組みの申し出を行うというのは，青法協の弁護士と患者会の森脇さんとの「策」です。

大阪弁護士会の公害対策委員会は比較的力量があるほうで，東京にはそもそもそういう委員会はなかった。だから，そこへうまく問題を持ち込んで，その場を借りたというか青法協の会員である弁護士有志たちはそこの活動の中心部隊になった。しかし，大阪の場合は，青法協系以外の弁護士を入れて大阪弁護士会レベルで原告弁護団をたちあげて，味方を増やすということを徹底した。これが長い目で見てこの公害裁判の役に立ったと思います。

さて，1973年の大阪弁護士会の公害対策委員会に持ち込んでということになったものの，実際にはなかなか動かない。4月に新しい公害対策委員会が発足して，西淀川問題小委員会ができたのだけれど，これが動かない。詳しい学者から話を聞いたり，見学会をやったりでお茶を濁していたんだけれど，そのうち少しずつ逃げられへんようにしていった。これは患者の被害の重みと森脇さんの「策」と言えんこともない。

私も実は裁判闘争には二の足を踏んでいた。四日市の場合はコンビナートですから，共同不法行為で，あの企業が悪い，責任をとれといえる。西淀川では戦前・戦後の何百という企業，永代石油とかのものすごい汚染企業はすでにつぶれていて，少し汚染が見えにくくなってから裁判問題になったのです。西淀川は，お医者さんのグループも公害調査を行っている。行政の調査を進めさせたのも患者の力です。民医連系の病院とか，そこで働いているお医者さんとか，西淀川の町内会とか，患者がそういうところ

を動かし調査を進めていたと思います。

　そして，訴訟を立ち上げる，訴訟にできるというところまで持って行ったのが，島川勝弁護士が責任者であった公害対策委員会の西淀川問題小委員会です。そこで，共同不法行為が成立しうる，という報告書を弁護士会から出した。当時としては，ようこんなこと言うなという意見も多かった。冗談やろうと。だけど，その報告書の骨子が後に訴状になっていきました。報告書が出たことで，森脇さんは内心小躍りしたと思う。大阪弁護士会が裁判できると言ったと。そうなると，誰が訴訟をやってくださるんですかとなる。それからわれわれが苦労しはじめる。自縄自縛です。弁護団になる研究会グループには，私も含めて２，３人の弁護団事務局長候補がいた。そこからできると言った責任者は誰や，島川さん，あんた事務局長やで，と。人の良い島川さんは逃げられなくなってしまった。

　弁護士会の小委員会の人選は機械的に割り振っていました。大先輩とか，後に弁護士会の会長になる錚々たるメンバーが入っていた。それに，増強した委員。その増強委員のほとんどは，はっきり言ったら患者会共感派。だから小委員会から弁護団員に加わった方が多いのは当然で，訴訟の途中で抜けられた方もあるが，最後までかなり残っている。提訴前に 20〜30 人の常任弁護団を組み，第１次原告を選ぶため，100 人余の患者さんの聞き取り調査をみんなでやりました。

　訴訟で道路公害の問題が盛り込まれたことについてですが，ご承知のように 1970 年は公害国会と言われ，それから公共事業による公害がクローズアップされるようになった。大阪の場合は，国道 43 号線の問題がはじまりで，もう亡くなりましたけど尼崎の有名なおばちゃんが座り込みをするなど，一生懸命活動していた。さらに，西淀川を通る大阪西宮線，中津コーポの大阪高槻線（今の淀川左岸線）の問題など，とくに高速道路の建設計画が大きな社会的問題になっていた。公害の核となるのは，もちろん工場からの汚染なんだけれども，現在の 43 号線などを見ても，道路は大気

汚染源として非常に大きい。現在は NOx 問題ばっかりですけれども，当時は SOx・NOx・SPM がほっとけないということで，差止め請求に全部入れるということになった。

　そして，当時の感覚からはなかなか難しいが，西淀川公害を放置した国の責任を問うという問題構成をした。現在は中国残留孤児を放置している国の責任を問うといった損害賠償を起こせるようにレベルアップしているけれども，要するに，大気汚染は道路を管理している国の責任である，というふうな国を一種の事業者とみなす考えを深めていって，そこに道路公害も加えていった。どうせ裁判は1年，2年で終わらないのだから，将来のためにも入れておいたほうがよいと。

　さて，誰に弁護団長を頼むかというのは大問題だった。弁護士会の会長クラスで，弁護士会の良識を代表でき，かつ弁護団は共産党シンパという「左」攻撃も考えて，できるだけ「右」の人が良いと考えていた。「右」と思われている人から順番に頼んでいった。初代団長の関田政雄先生は個人として，自民党の政治家を支持していた。関田先生は公害問題を非常に重視されていて，弁護団長を頼んでも逃げられなかった。それまで他の多くの人は逃げた。金を持って頼みに来るわけでもないし，はじめから，タダで働いて下さい，カンパしてくださいという話で来るのだから大変です。勝つことが決まっていればそれを名誉だなと思った人はやったかもしれませんが，当時「勝つ」と決まっていませんし，「名誉」とは思えなかったんですね。

　公害対策委員会の委員長だった先生も，実は弁護団長の候補の一人だったけれど難しかった。全然やる気がなかったかというと，そうでもない。「井上さん，やるのはいいんやけどね，合鉄（当時の大阪製鋼）一本でできないか。こんなに被告をたくさん入れたら裁判や運動組織が維持できない」とおっしゃった。公害企業の大阪ガス，関西電力や大企業をたくさん訴えるとなると，被告側に錚々たる弁護団ができるわけです。こんな戦い

をして勝てるのかと思われたのは，決して間違った心配ではない。勝たんでもいいわと思ってる人は別にして，勝たなあかんと思っている人からすればまともな判断。だから，合鉄だけで攻めたいと逆提案された。しかし，合鉄だけというのでは，住民の人は納得しないですし，関電も，住金も日本化学も，古河鉱業もとなっていた。そして若手の弁護士とは意見が合わんなというふうになっていったんだと思います。合鉄一本だったらやる，とおっしゃられたかどうかは分かりませんけれども，先生は敵対していたわけではなく，ご自身は訴訟をやる意義を認めながらも難しい中でとにかく勝つ方法を考えておられたということです。

　副団長になっていただいたのは井関和彦先生です。私は，社会党の現職参議院議員の亀田得治という人の事務所にいたのですが，井関先生はそこの番頭格でした。もう一人の副団長をお願いした真鍋正一先生は独立していました。真鍋先生と井関先生とが親しいので，先に副団長から揃えておいて，関田先生に団長をお願いに行きました。関田先生からは副団長は誰かねと聞かれて，「井関先生と，真鍋先生にお願いしています。先生が団長をやっていただければなんとかなりますので」と言って，団長を引き受けていただきました。関田先生は裁判闘争中に亡くなられましたが，本当にいい先生でした。

　提訴の時は，私は事務局の中心部隊のひとりでした。気楽に考え，後のことはあまり考えていない。勝てなくても，とにかくやらねばならない。やれば必ず得られるものがあるというのが一種の確信でした。それでも勝てなかったらしょうがないわ，という意味では私は無責任な弁護士だったんです。われわれの先輩が西淀川公害裁判の原告代理人は難しいというのは，万一お金を積まれて頼むからやってくれ，と言われても勝つ自信がなかったんですよ。だから受けられなかった。まともな弁護士は勝つ裁判じゃなかったらやったらあかんと思っていたんです。この点，私なんかは，ある意味でまともじゃないわけです。ただ，勝てるものやと思って，進ん

2 西淀川公害訴訟に関する弁護士の活動

1次訴訟結審総行動前にビラの準備をする井上善雄弁護士（左）。右は谷智恵子弁護士（1991年1月31日）

で一生懸命入ってきた人もいるんです。早川光俊君などは，そのひとりです。早川君は提訴してから弁護団に入った。彼は先輩らが勝てるから裁判したんだろうと思っていたら，裁判中こんなことも調べないで提訴したというのがぼろぼろと出てきて，先輩をだんだんと突き上げてくる。だんだんメッキがはがれてくる。ようこんな荒っぽい訴訟をやったというのが本当のところです。荒っぽい訴訟を起こした責任者は弁護団全体でしょうが，その中でも事務局の私と峯田勝次さん，島川さんでしょうか。

地域との関係

小山仁示先生（歴史学・関西大学）の『西淀川公害』にも書かれているけれど，私の母校姫里小学校の校歌のうち，現在では4番の歌詞がカットされている。1番は，春はうららの…とはじまる。そのあと，2番の夏は風が吹いて，3番の秋はさわやか青い空，そして4番は冬は肌刺す北の風，ならぶ煙突とぶ煙，西大阪の工業地，いついつまでも栄えてく，といった歌で，1953年につくられました。私の卒業アルバムには4番が載っていて，煙に肯定的な評価もされていたわけです。西淀川に工場がなかったら，

みんな困る，生きていけなかった。

　逆説的な言い方に注意してくださいね。よく考えたら西淀川は中小企業と労働者の町です。どちらかといえば，貧しい人，差別された在日の人とか，そういう人が働いている。ちょっとぐらい煙があっても逃げまわっていられない。今の就職難とレベルが違う，石炭や油にまみれ，コークス炉の下で働いて生きている。そういう下での公害だから，逆に言うと煙を出している西淀川の企業は，われらが煙を出して西淀川を大きくしたんだ，支えているという自負がそれぞれの工場主の中にあるはずなんですよ。今は煙を出したら悪者になってしまうけれど，工場から煙が出てても，働かしてくれたらいいなと思っていた。だから，うちのお父ちゃんが働いている工場の悪口いわんといて，となる。

　だから，公害裁判をするときも，うちの工場も訴えるのか，というのがだいぶプレッシャーになった。実際，当時は悪い燃料をいっぱい使っていたから，その辺のお風呂屋さんもご近所からすれば，ずいぶん悪い煙も出している。洗濯物を汚しているのも実際は近所の工場。だから物損事件として損害賠償請求するんだったら簡単だったんですよ。私は八尾飛行場の小型飛行機で西淀川，尼崎の上空からも写真を撮りました。裁判で関電の尼崎東の発電所を近い，と言うけれど，当時の住民感覚では遠いですよ。それに加えて西淀川公害裁判では，堺の煙突の煙の差止めと損害賠償まで訴えた。こちらが届かんわけはない，と言ったら，どれだけ届くんか言ってみ，と言われ裁判の立証では苦労しました。結局，最後は排出量主義で，排出量が多いところは責任があるという主張になった。

　地元住民にしてみれば，実際には近所の煙が気になっていたんです。田中電気とか，すぐ近くの煙に抗議に行った人がいっぱいいたんです。西淀川の黒い煙は関西電力，赤い煙は大阪製鋼，黄色い煙は古河鉱業なんてのは，嘘ではないけれど，戦術で強調したという側面もあったと思います。黒い煙で大事件を起こした尼崎の企業もありました。もうつぶれてしまい

ましたけど，西淀川公害をつくりだしたという意味では個に悪い工場がありました。福町ならあそこ，御幣島ならあそこという具合に，住民が悪いと思っている工場がずっとあったんです。被告企業は原因企業であることは間違ってはいないのですが，訴えるかどうかとなると大議論になりました。結局，患者さんには自分の健康をなんとかしたいという思いがあり，地域全体をよくしなければならない。それには大気汚染を断つ必要があるとし，排出量の科学的データを提供して，納得してもらいました。

　ところで私等は，西淀川の中小企業というのは被告である大企業の下請に決まっている，と思って裁判をはじめたんだけれども，その関連性がうまく出てこない。加藤邦興先生に指導してもらって関西電力とはエネルギーの送電線でつながっているとか，汚染そのものの関連性をいう関連共同性を主張した。こうして裁判を進める中で，関連性をあきらかにしていったのです。世論とともに私達の必死の努力をみて，裁判所が西淀川を負けさせるわけにはいかんから勝たしてくれた，というのが私の実感です。

判決

　私は，西淀川裁判で最初に一番悪い判決を書いたとも言われる一次訴訟の裁判所が，実は一番偉いと思う。後になるほど立派なことが書いてある。後になるほど理論的にもスッキリし判決文はきれいです。だけど，一番最初の判決文は，負かすわけにはいかないから勝たしたという判決。尼崎，倉敷，名古屋，東京とかの後年の判決は，後だから書けた。みんなそんなもので，一番最初というのは勇気がいる。

　公害被害をなんとかしなければというのは，加害者側の弁護士の中にもひとつの良識としてある。そうしたことはしゃべられないかもしれないけれども，感覚的にはわかる。企業人のなかにも，裁判官の中にもそう。そういう被害の重さがあったのです。患者の方の深刻な被害を訴える努力があったのです。

私は，判決の時はずうずうしいけれど「勝たさなしゃあないやろ」と思っていた。「なんぼか勝たしてくれるやろう」と。でも半信半疑ですよ。深刻さが足りないけれど，負けてもまた控訴したらいいわと思っていた。
　でも，森脇さんは運動のリーダーとして大変やったと思う。他の弁護士さんの中には，負けたら森脇さんが考えていたのと同様に，一緒に高い所から飛び降りるぐらい考えている人もいた。私は提訴時，勝つのは難しいと思っていた。そもそも勝てっこない，と勝てないだろうというところからはじまって，訴訟中に，しかし勝てないとおかしいなという感じ。勝たしてあげたい。負かすのはひどい，勝てるかもしれない，そして勝てるだろうと。当時，私の夢として「西淀川裁判に勝ってエベレスト頂上で祝うこと」と書きました。マッターホルンには実際に登ったんだけど，エベレストは桁違いで全くの夢ですよ。今やからこんなことが言えるけれど。
　私は半分原住民だから，原告住民に対してクールでした。原告を特別扱いするのが嫌やった。西淀川住民なんてしたたか者が多いと思っていた。自分も含めてそうやから。貧しい中でどう生きていくか，人生の中でそういう苦労をしているんですよ。そういう意味でしたたかと言っていいと思っています。だから，したたかな住民が勝ったんです。私は苦しい闘いの炎の横でブンブンブンとまわりを飛んで火を煽っていた。エエカッコを言えば，『七人の侍』の中のひとりでしょうか。ちゃらんぽらんで，おういけるぞと言っていた，あの役やなと。
　でも一番したたかなのは，住民と原告団だと思う。『七人の侍』の百姓と同じ。七人の侍は多く倒れた。西淀川公害裁判のせいとは言い切れないけれども，私も最後に倒れて手術した。関田先生もお年もあるけれども亡くなられたし，体が悪くなった弁護士というのはいっぱいいる。最後まで残ったのは若くて元気な人。歴史の戦いというのはそういうところがあるでしょう。西淀川公害裁判が終わってから，もう一度こんな公害事件はあんまりやりたくないという思いです。でもまぁ，面白かった，今となって

はね。やっているときは，嫌で嫌でたまらなかった。弁護団会議のある毎週火曜日は喧嘩議論とノイローゼです。毎週夜6時から9時くらいまで会議をやっていた。自費で泊まりの合宿もたくさんある。会議が終わって，晩飯食べてない。飲みに行こうかと。不摂生で，家庭も犠牲になった人がたくさんいると思う。

でも，この裁判の弁護団には最後まで仕切る大石内蔵助みたいな人がいない。弁護団長は団結の象徴です。全部仕切った人がいない。皆それぞれ得手不得手もあったけど共同不法行為班，国と道路班，被害立証班等に班を分担し，その中で能力に応じ力を発揮した。立派な「士」だった。

私は15年以上の西淀川公害裁判の中で，患者の方の環境問題や地域，家族の中での重要な役割や存在感を思います。そして私はその患者の人生，生き甲斐に少しでも貢献できたことを喜んでいます。

3 被告企業からみた西淀川公害訴訟

山岸公夫さん（元神戸製鋼訴訟担当）

> 以下は，前出の岡崎久女さんと同じ「公害地域の今を伝えるスタディツアー 2011」の 3 日目に，山岸さんが参加者に向けて語った内容の記録である。

「攻める側」と「攻められる側」

私は神戸製鋼所で法務部というところにいて，主として訴訟担当ということで長いこと仕事をしてきまして，その間に西淀の大気汚染公害訴訟と否応なくかかわりをもつことになったということなんです。おおざっぱに言いまして，私のほうは訴訟のときには攻められる側だった（笑）。そのなかで攻める側にもいろんなドラマがあったのでしょうけども，攻められる側にもそれなりのドラマもありまして，今ではある意味懐かしい思い出でもあったりするわけです。

訴訟が起こってからと言うと，もう 30 年以上になるようなことで，古いこともありまして，私もデータとか資料に基づいてお話しするということはありませんし，ほんとに感覚的なことでお話をするということになりますけれども，その点はお許しいただきたい。

入社時期の思い出

私は西淀の大気汚染訴訟に，攻められる側の神戸製鋼の訴訟担当として関わったということですが，その関わりは 1977 年に法規室に係員として

配属されるというところからはじまります。1977年というのは私が1969年に会社に入ってまだ10年足らず，まだ若かりし頃の年代ですね。私は戦中の生まれで1943年です。ですから1977年というのは34歳ですね。

スタディツアーで話す山岸さん

その頃会社では34歳というと，そろそろ課長が近いかな，というような年代になります。ただ，私自身は会社に入るのがちょっと遅かったもので…。脱線をしちゃいけないんですけども，私は東大の法学部の卒業なんですけど，卒業と同時に入社したのは1969年なんです。それはちょうど例の「東大紛争」の年で，唯一東大は入学試験をやらなかったわけですが，卒業試験っていうのもまともにやれない雰囲気だったので，レポート提出で試験に換えるということで，私はその恩典でようやく卒業したような始末だったんです（笑）。口の悪い仲間から言わせたら「夜陰に乗じて卒業した」と。そんなことで歳とってから卒業したということで，細かく言うと普通は3月卒業ですけども，私の卒業は6月末なんですね。1969年の7月1日付で神戸製鋼に入ったということです。

当然のことながら，1969年の4月1日で神戸製鋼に入った大卒社員も，高度成長でもあったから200人位いました。伸びている時代だったので大量採用したということになるんだと思います。だから私のようなグウタラ学生でも入れてくれたんだろうと今になって思うんですけど，とにかく事務系が50人，技術系が150人で合計200人ぐらいでした。

ほとんどの方は4月，5月と2ヶ月，新人社員研修というものがありまして，みなさんもう研修も終わって6月からはそれぞれの配属先で仕事に就いているというところで，私はようやく7月に入社で遅れた形だったと

いうことなんです。当時東大法学部から神戸製鋼に入ったのが4，5人おりましたが，同じように7月に入社ということになっています。そういうことで，私は教育を受けることなく，実務に就く形になった。当然の報いでしょうけど。

経理部門から法務部門へ——西淀川公害訴訟の提起と「法規室」の設置

大阪の茨木工場というのがありまして，私は関西の人間じゃなかったもので，茨木工場配属だと連絡をもらったときに「ああよかった，関東だったな」と（笑）。「茨城」かと思ったら大阪に「茨木」がありまして，なんだこりゃと思った覚えがあります。工場で経理の仕事からスタートしたということです。それで経理をやって，その後，大阪の管理部門で中期計画を立てるような仕事に携わりました。その頃は高度成長の時期だったので，中期計画を立てると言っても，担当商品の溶接材料でも一直線に右肩上がりに需要予測をしておればいいという，非常に単純な需要読みでした。そのような内輪の仕事を結構楽しくやっておりました。

そういう社内の管理部門の仕事を楽しくやっているなかで，1977年に法規室が設置されて係員として配属されたということです。それまで法規の専門部署というのはありませんでした。法的なトラブルなり事件なりが起こったらどうするんだということですが，総務部総務課というところに法規係がありました。しかし，具体的な訴訟の処理ということになると，それぞれ事件が起こった部署が自分で解決する。裁判ということになると，弁護士さんと連絡とって，それぞれの部署が弁護士さんの下働きをして物事を処理するということになっていました。だんだんそれを専門部署でやっていこう，というふうに変遷していくわけです。

それで，西淀川の公害訴訟提起の情報もあって，1977年に「法規室」が設置された。これは神戸製鋼としては画期的なことでして，室というのはちょっと特殊な位置づけで，簡単に言えば課と部の間に位置するような

組織なんですけども,一気に法規室という室が作られたということなんですね。当時,労働部で労働訴訟を担当していた私が,法規室ができるとともにそこへ配属されたわけです。法規室で集中的に訴訟関係を処理するということになったものですから,私は労働関係の訴訟をもったまま法規室所属になったというようなことです。

西淀川公害訴訟が起きそうだという情報は結構ありまして,これまでのようにどこかの部署が自分の仕事としてやるという形ではなく,本社で専門的に取り組まないといけない,そういう大型訴訟が起きそうなんだという話だったんですね。どうもうちは被告になりそうだと,対応組織を考えなくちゃいけないということがあって法規室ができたというふうに思います。それは西淀川訴訟がきっかけではありますけども,その後の流れをみていますと,法務部門がだんだん大きくなってくるのは時代の流れだったなと思います。

会社の法務組織の使命

法規室ができて,その後「法務部」というものができまして,係から課レベル,さらに部レベルになって,国際的なトラブルが非常に多いようなことになると部よりもさらに上の「法務本部」とかの位置づけの組織になっている会社もいっぱいあるわけですね。今やそういう意味で言えば,法務の担当の役員というのは副社長クラスというか,社の中枢になるような位置づけの時代になった。どんどん法務の仕事の重要性が増してきたということですね。

法務組織がどんどん大きくなるというのは,治療法務・予防法務・戦略法務という言葉に象徴されるように,やはり使命も大きくなっているというか変わってきているということなんですね。

治療法務というのは,目の前でトラブルが起こってしまったら何とか解決しないといけないので,けがをしたら治療をするというそういうレベル

で治療しようということです。

　予防法務という意味は，やはりそういう揉め事が起きないようにあらかじめいろいろ工夫をしておくと。一番わかりやすいのは契約書を整理するということですよね。あるいは社内でも違法行為が起きないように，社内の体制やルール，そんなものを整備したりする，もめごとを起こさないような体制をつくるというのが予防法務ということになります。

　戦略法務となると，単なる契約書とかいうことじゃなくて，会社が事業に乗り出そうとか，どこかと提携しようとか，いろんな形で会社が法的な意思決定をしようというときに，法務部門が法的にみてチェックするというのか，場合によったら推進する場合もあるんですけど，そういうことを会社のなかで主体的に担うという意味なんですね。それは当然のことながら，会社のなかでそういう仕事が非常に重要な位置を占めるという時代になってきているという意味合いでもあると思います。

西淀川公害訴訟の「被告」の選ばれ方

　1978年に提訴されたということで，阪神間の大手企業10社が被告になりました。何かの基準でもって10社を選定して「名誉」あるメンバーに選んでいただいたわけですけども（笑），大手企業と言われましても企業規模の大小，大気汚染に寄与する度合の大小，立地がどこにあるか，単純じゃございません。それは攻める側の狙いであったかどうかはわかりませんけども，このいろんな違いというのは攻められる側にとってはそれなりに大変なことでありました。

　企業規模の大小ということを言いますと，関西電力がこのへんでいちばん大きかったと思いますが，その次は住友金属ですね。それから神戸製鋼もまあそれに近いぐらいの位置づけだったんでしょう。あとは大阪ガスとか古河鉱業（現・古河ケミカルズ）とか旭硝子とか，そのへんは大手企業と言われるとそうでしょうね。古河鉱業は地元の西淀川に工場がありました。

3 被告企業からみた西淀川公害訴訟

尼崎の神戸製鋼所と関西電力尼崎第一,第二発電所（中央右側）
1961年3月29日撮影（西淀川公害裁判検甲14号証の26）

あと西淀川の現地では合同製鐵とそれから中山鋼業というのが被告になっていましたね。

　尼崎の企業も当時多かったんですけど，尼崎の企業は神戸製鋼が中心ということで，まあ関西電力の発電所のほうが大きいんですが，神戸製鋼の尼崎製鉄所というのがありました。それから旭硝子とかですね。もうひとつは神戸製鋼と大阪ガスとの共同出資で作られた関西熱化学，まあこれも小さい会社です。親会社が神戸製鋼と大阪ガスというので選抜されたのかもしれませんが。

　それともうひとつ，大阪の此花区にある工場ということで，大阪ガスと住友金属は此花にも製鋼所をもっていました。そういうことで阪神間の大手10社が選ばれたと言われるんですけども，企業の規模はいろいろだということです。

　大気汚染寄与の大小でいえば，おそらく関西電力の発電所が何といっても断トツだったんだろうと。神戸製鋼もそれなりにはあったと思いますが，

少なくとも関電よりは小さかったと思うんですけど，大小というのはさまざまな違いがあると思います。

　西淀川大気汚染訴訟というのは，患者の方は尼崎じゃなく西淀川地区の患者のみなさんが原告になられたというのですけど，被告企業の側は西淀川の東側の此花区に住友金属があり，西は尼崎地区で関西電力，神戸製鋼，住友金属，それと小さな会社があって，それから西淀川現地にも被告企業が3社あるということです。要するに企業の間にも利害というものがいろいろあって，本当はお前のせいだろうとか，いやそっちのせいだって争いかは知りませんけれど，対立があったのは事実です。

被告側の準備書面づくりと訴訟体制

　そういうことで，なかなか足並みがそろわないわけなんですが，それぞれ個別に自分の都合の良いことばっかり答弁書面なり準備書面なりに書いていったら，攻める側の思うつぼになりますから，これは調整しないといかんということで，統一するための書面が必要になったということですね。

　答弁書とか準備書面というのも，訴訟がはじまった当時は，それぞれ自分の会社が自分の弁護士を頼んで会社の名前で作成してきているわけですが，それをそのまま渡していいかということになると，自分らに都合の良く，そんなに西淀川の大気汚染に関係してないんだと書きたいわけです。たとえば，此花区にある工場は，西淀からみたら西風がほとんどであって東から吹く風は少ないんやと。そうしてみるとですね，うちは大きい会社だから選ばれたのかもしれないけれど，みたいなことをそれぞれが書き出してったらキリがないということもあるので，そこを何とか調整していく作業が必要だったということです。

　だいたいどの会社もですね，訴訟を担当する法務担当は要するに事務担当の社員と，技術関係のわかる社員が何人かというその組み合わせで選ばれているのですが，関西電力なんかは大変な，名実ともに大きな会社です

から，西淀川訴訟では技術系の社員がざっと15，6人，感覚的にそれぐらいの社員を張り付けておっただろうなと思うし，それは断トツです。その次に人を大勢出したのは住友金属と神戸製鋼ですが，ぐっと落ちますけど，技術系は4，5人，事務が2人くらいはおったでしょうか，そのぐらいの担当者を張りつける体制だったんですね。あとの会社は，だいたい事務系1人と技術系1人くらいの感じだったかなと思います。

　それから弁護士というのも，今いった数にだいたい比例するような格好で，関西電力の弁護士がどっと大勢の先生を出してきておりまして，7，8人くらいはおったでしょうね。神戸製鋼や住友金属は2，3人位弁護士をお願いしました。ただ弁護士さんというのは会社の社員と違って，自分で事務所やっているというか会社に所属している人もおりますが，なかなかこの訴訟の専属にはなってなかったかなと。かなりのウェイトで西淀川訴訟をやっていただきましたが，専属という形にはなかなかならなかったので，企業の担当者が相当下ごしらえをして検討してもらうような形になっていた。いずれにしましても，そういう形で被告同士の会合，弁護士の会合というのがしばしば開かれて，攻められる側としてどういう立証をしていくかという調整ですが，しょっちゅう会合がありました。

神戸製鋼の西淀川訴訟責任者に

　それから1983年に私は管理職として，この訴訟の責任者ということになりました。この頃の裁判の立証活動がどういう流れで進んでいくのかと言うと，まず原告が訴状というものを提出します。それに対して，被告の側は答弁書を出すんですね。そして訴状あるいは答弁書をもっと細かく説明する，あるいは裏付け的なことも含めて細かく主張するという格好で，訴状を出し答弁書を出し，それぞれした後で，準備書面というんですけど書面のやり取りをするわけですね。自分たちはこう考えるということを書面にして出した後，立証活動ということになるんですね。ですから，大雑

把にいえば，1978年に提訴されてから，1982年くらいまでは書面のやりとりの時代だったと。

　そうやって書面でもって自分たちの主張を言いあった後，次に裁判で何をするかというと，立証活動という証拠をもって書面で言ったことの裏付けをすることになるんですね。立証活動には大きくふたつあります。ひとつは資料によるものです。いろんなデータを提出して，あの書面でこう言っていることの裏付けはこういう統計データによるんだとか，こういう記録があるからだということを証拠として出すことが基本です。

　それともうひとつ，証人でもって立証する方法がありますね。そういったことに知識・経験がある専門家に，いろんな意見を話していただくため証人を立てて立証する。1983年頃から，こういう立証活動ということになったのです。

　そういう立証活動に入るということで大変忙しくなり，月1回法廷があった。毎月法廷がある裁判所へ行くのは忙しくて，被告も大変だったけど，攻める側も大変な作業をされたんだと思います。私どもはこのときはもう共同作業で立証活動に対応することになっていましたので，はじめはそれこそ会議室を転々としながら会議をして，調整をやってきたんですけど，とてもじゃないけど対応できないということになりまして，実は共同事務所という結構大きな事務所を借りました。そこに訴訟関係のデータ類をみんな備え置いて，半分くらい仕切ったら会議もできる場所を裁判所の近くに借りました。だからその共同事務所へ私は出勤していまして，毎日毎日，何せ会社へ出ないでよそへ行っているんですから，社内で忘れられます。

　余談ですが，社内で忘れられると，どんなマイナスがあるのかということですが，会社にもよるんでしょうけど，神戸製鋼は昇級・昇格の判定においてちょっとユニークな制度をやっていまして，「多面観察制度」というものがありました。それは，そろそろ昇級・昇格が近いという人間の名簿が出されて，それに対してみんながよく知っている人を選んで評価をす

るんです。上司がするわけじゃない。ユニークなことに，周りの同僚なんかもその評価をするんです。たとえば協調性とか5,6つくらいの分野に関していろんな質問項目があって，それぞれの項目についてこの人は何点ぐらいだと思うというふうに点数をつけるわけです。同僚も含めて第三者が幅広くその人をみるのです。その考えは，私は非常に素晴らしいなと思います。上司との折り合いが悪かったらいつまで経っても昇級・昇格がないというのと違って，多面観察制度は悪くない制度だと思うんですが…。

　ただ，私の立場で困ったのは，多面観察というのは点数が高ければいいというだけでなく，大勢に選択してもらって，大勢が投票してくれるということがもうひとつの大切な材料なんですね。ですから，私が社内に忘れられる，しょっちゅう外へ出て社内にいない人間となると，同僚連中はあいつ何しよるかわからんからと評価対象にしてくれないんですね。当事者の私からしたら損したなあということなんですね。

訴訟を通じた人間的な成長

　まあ，その代わりと言ってはなんですけど，人間として成長したということ，私はこの裁判に関わって得ることもあったなあと思っています。社内というのはやっぱり，何て言うのか組織でもって仕事することですから，たとえば企画部とか管理部とかいったら，それ以外の部署に対してやっぱり強面で偉いんですよね。企画部とか管理部とかを担当している役員さんというのは，会社のなかでやっぱり偉いわけですよね。だから，何か決めるときには，それ以外の部署の人はこういうもんだと言ってもなかなか通らないことが多い。

　それに対して，この訴訟の仕事で私が共同事務所へ出て，よその会社の人といろんな話し合いをすることや，書面はこうやって書いたらいいんじゃないか，こういうふうにまとめようよとかいう話は，会社のなかの権力とは全然関係ないんですよね。だってよその会社の担当者もみなさんそれ

ぞれの会社を代表してその場に来ているわけだし、もうちょっと細かく言えばそれぞれの会社の利害というのもあるわけですから、そう簡単に、たとえば関西電力がそう言うたら他の会社もじゃあそうしましょうというわけでもない。調整をしてとりまとめをするというのは、大袈裟な言い方すると、やっぱりその人全体の説得力みたいなものが必要です。みんなに説得して、納得してもらってまとめてひとつの文章に出すとなると、その人の人間力みたいなものが求められます。

そういう意味で言うと、私は会社のなかでは忘れられた存在でしたけれども、社外の方といろんな話をし、酒を飲んだりした経験は捨てたもんじゃないなと思っておるわけです。ついでに言えば、神戸製鋼の多面観察もよその会社の人もしてくれたらよかったんだけどなと（笑）。

1987年に法規室室長となり実務を外れました。私は1983年に課長ということにはなったんですが、法規室には課長クラスの人が5、6人おったでしょうか、その法規室の課長じゃなくてその上の室長というのに1987年になった結果、訴訟の実務の半分を外れたということになったんですね。それで毎日のように共同事務所へ出勤するのは別の部下になったので、重要な会議の時には出ていきますというようなことで半分外れたわけです。

それでこの頃に、原告と裏面で接触する機会がありました。原告と言っても上田さん（上田敏幸・西淀川公害患者と家族の会）や森脇さん（森脇君雄・同事務局長）のことですけど。それこそ多面観察じゃないけど、何を基準に私にお呼びがかかったのかはようわかりませんけども（笑）。とにかく私も管理職という立場になったということで、そういう裏面での話もあったということでしょう。

株主総会での苦労

社内の仕事というのもいろいろあって、訴訟以外もあるわけですが、この時期一番大変だったのは株主総会の仕事でした。1983年の商法改正で

大きく株主総会の運営方法が変わったんですね。要するに，説明義務と言いますか，株主総会で株主から質問が出たら，取締役はピシッと説明しないといけない。そういうのが法律で義務付けられたんですね。それまでは，株主総会というのはしゃんしゃんしゃんとやっていたんですね。そこにはいわゆる総会屋というのも出入りしていて，議事進行をさっさと進めるための総会屋さんがおったんですが，一般の株主はほとんど総会に出ることもなかった。出る必要もないかのように，本当に形だけの株主総会をやっていたわけです。1983年改正の意味というのは，総会を開かれた格好でやりなさいということなんですね。

　私が管理職，法規室長になった1987年ですが，1983年改正を実施に移すということで総会を開かれた格好にしていくという過程にあったわけなんですね。結構大変な作業でした。今はほとんどいないんですが，大昔から私が法規室長になったこの頃も含めて，「浜の真砂は尽きるとも世に盗人の種は尽きない」と言いますが，総会屋というのも絶えないわけでしてね。

　この商法改正があって以降，株主総会が一番長引いたのはソニーだったですかね。だいたい朝の10時から株主総会が開会しますけど，夜中の12時10〜15分前にようやく終わったというような長丁場でやったのが今でも記憶にありますが，その他の会社でも総会屋が総会を長引かせるという事件がありました。総会がはじまる前の日になったら，総会屋から質問状がどっと送られてきましてね。何ページもあるような質問状を送ってこられて，それを質問するぞ，いいかと言われるわけです。そうすると我々はですね，その質問に対していちいち答えようとして答弁を用意しなきゃいけないわけです。説明義務というのは当たり前なんですが，総会屋はそれを逆手にとって，しょうもないことをほんとに根掘り葉掘り質問しながら，それに答えないと総会の決議は無効になるようなこともちらつかせてくる。大変な作業だったなと。

一方で，余談になりますが，総会屋の事件でいうと，神戸製鋼も大変な事件がありました。お調べになったらわかることですが，1999年くらいだったでしょうか，神戸製鋼がある大物総会屋に利益供与しているということで担当の役員が逮捕されたという事件があって（神戸製鋼から1997年に計3000万円を受け取った商法違反の疑いで，1999年11月，関西の大物総会屋が大阪府警に逮捕され，発覚した。利益供与に関わった専務と執行役員が即日辞任，翌月当時の会長も相談役を辞任），その後株主代表訴訟が起こりました。まあ神戸製鋼に限らず，いくつかの会社でそういうことがありましたが，要は，総会屋が株主総会に出てきていろいろ質問したりなんかするのを，やっぱり経営者は防ぎたかったんですね。ですから，総会の近い頃になったら裏でもって総会屋のところに担当者を派遣して，なんのかんのと接待したり金を渡したりしながら株主総会に出てこないようにしてくれというような工作をしていたということなんですね。それはもちろん法に触れることでしたから，その後大事件になったわけです。

　私もそれをやっていたのかと言われると思うんですけども，私は表街道を行く人ですから，総会をどう仕切るかと，質問が出たらどう答えるかという表街道の準備をやっていたんですが，私以外に裏でそういう接触をしている裏街道の人がおったということですね。私はそういうことを上手にできる人間でもないから，あまり裏街道の話には関係がなかったということを釈明させてもらいます。

法規室から監査役室へ

　1994年に，監査役室長となって法務部門の仕事を離れたわけですが，この訴訟に関しては，1995年1月17日に阪神大震災が起こりまして，その3月2日に裁判は和解解決ということになった。私はその直前に法務の仕事を離れましたので，和解には直接タッチしておりません。

　昔は，監査役というのは本当に名誉職，「閑散役」ともじって暇な仕事

というふうに言われていたんですが，1993年に商法改正がありまして監査役会を置きなさいと，あるいは社外監査役を入れなさいと，そういう規制をされまして，神戸製鋼でも社外監査役というのを初めてお迎えすることになりました。

　今は，大手の会社なんかは内部出身の取締役や監査役じゃなくて，外部の方が結構取締役会に出席している状態だということは知られていますが，昔の取締役会は内部の人間ばかりだったんですね。それに対して，内輪の人間ばっかりで取締役会を構成しているから不祥事が起こるんだと考えられたんですね。ですから，まず監査役制度を変えていこうと。そのひとつはやはり社内出身じゃなく，社外の人を監査役に迎えなさいと。神戸製鋼の場合は，初めて迎える社外監査役がどういう人だったかと言うと，元検事総長だったんですね。その人を迎えるということで，新しく監査役の仕事を補佐していく部署が必要だということで，1994年に監査役室を設置したんですが，その初代の室長が私ということで，つまり元検事総長さんのお世話をしなさいということだったわけです。

　この頃，社外の人が取締役会に出るとか，監査役は半数以上社外じゃなきゃいけないという決まりができました。要するに，実務をやらない取締役を置いて取締役会でいろんな議論に参加させてチェックさせろということで，企業の不祥事防止のためのチェックとして必要だという動きですね。私が監査役室長になったときは，まだ社外監査役が1名だけおればよいということだったんですが，その後，半数以上が社外じゃなきゃいけないというふうに法律が変わっております。そういうことで，徐々に社外というのが重要だということになっております。

公害訴訟に対する独特の警戒感

　先ほど述べたように，神戸製鋼に入って経理部門から経理管理部門と企業内部の仕事を担当して，それなりに楽しくやっていたわけですが，労働

部に行きまして仕事の一部として労働関係の訴訟担当となりました。こうなると社外対応ということもあるので，会社と社会の接点に立つという側面が出てきたなあと思いました。ただし，この時点までの訴訟は，法制度の枠内で処理する原則論で臨めるものであって，気持ちの上でさほど複雑な思いはありませんでした。法制度の枠内で処理する原則論というのは，やはり日本は法治国家ですから，法律に基づいて判断・処理をしていくということで，要するに法律が勝ちか負けか正しいかということを決めること，そういう格好で処理していけばいいんだと。

　これに対して大気汚染訴訟はどうだったかと思いますと，公害訴訟と位置付けられるところからして社会の問題ということで，そういうのに関わるということで，当初はイデオロギー問題かという感じも受けました。今はあんまりイデオロギーの時代ではないですが，戦後はやっぱりイデオロギーのぶつかり合いというのが結構続いてきたと思うんですね。日本の産業界がある意味一番心配をしていたのは，そのイデオロギー問題でした。私が当初はイデオロギー問題という感じも受けたと言っているのは，要するに共産党主導で，日本の産業を潰そうとしているんじゃないかと，産業活動ができないようにしようとしているんじゃないかという思いでした。私がと言うか，当時の経営者はそう思ったと思いますね。

　ですから，この西淀川公害訴訟というのは阪神間の企業が被告になって損害賠償だけじゃなくて操業差し止めという請求もあったので，下手な処理をしたら，今でいえば原発みんな止めなきゃいけないのか，会社の工場は操業をみんなストップしなきゃいけないのかと，そういうことを狙っているんじゃないかと。私がと言うより，経営者が相当そういう警戒感をもったのが実際だろうと思うんですね。

　ただ，当初はイデオロギー問題かと思ったからと言って，私は今はそうは思わない。そのへんのところは，私自身は森脇さんや上田さんらみなさんといろいろお話しさせていただいているなかで，企業を潰してしまうだ

とか，イデオロギー問題だとか，そういうのじゃなくて，本当にこういう被害者がおるんやと，こういう大気汚染が起こっとると，こういう状態がいいと思うかという，現実問題だったんだなあと思うので…。これを材料に会社を潰してしまうとか工場止めてしまおうかとか，それが狙いじゃないというのは大分早くからわかっていましたが，訴訟が起こったときはほんまにイデオロギー問題かという受け止め方はあったんですね。だからこそ，大勢の弁護士・担当者をそれだけ張り付けて必死で闘っていたのは，まさにこれに負けたら工場潰されちゃうんじゃないかという危機意識だったんですね。

訴訟担当者の内面の思い

　そういうふうに，公害訴訟となると社会的な問題であるし，場合によってはイデオロギー問題かとなります。結局のところ，訴訟担当者としては，そうであったとしても，それぞれが法的にベストを尽くして裁判所に審判を仰げばいいんだというふうに気持ちの整理をして，業務としてやってきたということですね。法的にベストを尽くすというのは，公害裁判だけじゃなくてその他の裁判でもそうですけど，被告は被告なりに自分の立場を主張・立証して，原告は原告の立場で主張・立証すると。そして第三者である裁判所が判定をすると。そういうことでいいんじゃないかと。はじめから納得もしないのに，主張・立証もしないで負けてしまうということじゃいけないんですね。

　たぶん訴訟に限らないですけど，私自身の人生もそうだし，みなさんの人生もそうだと思うんですが，何かあったときに闘わないで負けるということじゃいけないと思うんですね。自分がこう思うということがあったら，やっぱり主張・立証して，第三者に判定してもらって，ああそうなのかと思ったら，それに従わないといけない。はじめから闘いを放棄して，全然納得もしないのに言われたからこうするという態度は，私自身はとってこ

なかった。公害訴訟はちょっと特殊な状況ではありますけど，それでもやはり，その時点での法律でどう評価されるかということは，裁判所に判断してもらうことであって，やはり言うべきことがあれば言うのが大切だと。そうして裁判所の審判を待てばいいというのは，訴訟担当者としての考えです。

　ただ，管理職になってからは，幕引きを考えるようにもなった。ただやみくもに訴訟を闘ってどうでもこうでも判決をもらえばいいということばかりじゃないんですね。やはりどこで手を打つ，どこで妥協する，どこで和解するということが，全体にとってどうプラスになるのか，会社にとってもプラスがあるかないか，ということを考えないといけないんですね。やみくもに裁判で判決をもらえばいいということが正しくないというのは，管理職になってから思うことですね。

被告企業の側からみた文明論・責任論・因果関係論

　被告としての主張の骨子は，簡単に私の記憶に残っている範囲でポイントを言いますと，やはり企業が煙突からの排煙で被告にされたわけですけど，日本の戦後の社会科の教科書でも，煙突と煙の写真というのは国の誇りだったわけですよね。やっぱり戦争が終わって，日本が廃墟になったなかで工場が再開して，立て直して生産をして輸出をして，そういうことで日本は立ちあがって，あっという間に経済大国の仲間入りをした。そういう過程の中のできごとではないかと。それは，つまり文明論。だからそれは必然性と言ってはなんですけど，それなりの過程のなかでやむをえず起こったことじゃないかという見方ですね。企業もそれなりに頑張って日本の経済発展に貢献してきたし，そのなかで負の象徴として公害問題が起こったということだけれど，負の面だけじゃないでしょうというのが文明論かなと思います。

　それから責任論というのは，結構難しい。一番初期に起こった公害裁判

というのは，四日市の公害訴訟なんですね。これは四日市というところにコンビナートがあって，いろんな工場が関連性をもって立地しているんですね。その狭い地域にいろんな工場がパイプでつながって，電気やらガスやら何やらそんなものが全部つながった，そういう格好で工場が固まって生産活動をしているんですね。ですから，そこからもし大気汚染を起こすとしたら，どの会社がと言うよりコンビナート全体の責任（共同不法行為）になるんじゃないかということで，割に早くに四日市公害裁判では被告企業の責任が明確になったんですね。

　この西淀川公害裁判は，四日市コンビナートと比べて全然状況が違うんですよね。最初にも言いましたように，被告企業も尼崎にもある，西淀にもある，此花にもある，堺の関電発電所も被告になっているように，コンビナートで一体として煙を出しているというのとは全然違う。それぞれの会社がその場所に立地してきた歴史も違う。言ってみれば，それぞれの会社の関連性がないんですよね。

　そういうなかで，攻める側は関連共同性と言って，やっぱり共同責任があるというふうに主張してきたわけですね。そういうのを主張して立証する。こちらのほうは，そういう一体性・関連性はないでしょうと。みんなそれぞれバラバラですよと。広い範囲で歴史も違うし，バラバラですよというのが一番の論点だったと思うんですね。

　また，大気汚染と病気の原因という因果関係論の面で言えば，被告大手企業10社の煙というのが西淀川地域の大気汚染のなかでどれほどのウェイトをもっているか，ということなんですね。それはなかなかどうなんでしょう。被告企業10社の大気汚染の排出量のうち，原告のみなさんのところに20％もいってないんじゃないかなという記憶があります。間違ったことを言うてるかもしれません。要するに，大気が汚れるというのは工場ももちろんあるんですが，自動車の排煙もあるし，もっと足元でそれぞれの家庭から排出するものだってあるし，もっと言うと航空機でも船でも

みんな燃料を焚いていたりするわけで，大気汚染を起こすんですね。ですから，工場がある意味で一番とらえやすいことになるのでしょうが，果たして工場の責任というのは大気汚染の全体のなかでどれぐらいなんだろうかというのが論点としてあったのかなと思いますね。

病気のほうも主たる病気というものがぜん息なんですけども，ぜん息となると日本に限らないのですが，大昔からあるものです。私は山の中の生まれですが，そこでも爺さんなんかはぜん息で死んだかなと思っています。ですから，大気汚染はぜん息の原因ではあるでしょうけれど，それだけですかというものがありますね。論点としては，そういうことがあったということですよね。

だから，被告企業としては，そういった問題点をとらえてこうじゃないですか，ああじゃないですかということを主張して，主張に沿う形で，たとえばの話，ぜん息と言ったら自然の世界にもあるでしょう，どこでもありますよねということを学者先生に言ってもらったり…。そんなふうに難しい問題なんですよね。そういう難しい裁判をやっていたので，結構長くなったのかなということが言えるんですね。

経営者と訴訟担当者の違い

かつての会社は，一生懸命社業に専念すればよかった。要するに高度成長の時代，会社というのは外向きのことを考慮するまでもなく，一生懸命，生産の拡大とか，生産効率をあげるとか，そういったことを頑張っていればいいという感じだったんですね。けれども，だんだん社会的責任ということを言われるようになりまして，多くのステークホルダーがおるわけですから，それらに対してどう対処するのか，それらの人がどう考えるか，会社をどうみているか，とかいうようなことを気にしていかなきゃいけない時代になってきた。言ってみれば，西淀川の裁判は時代の変化の境目にもあったかなという意味なんですね。

もうひとつ笑い話のようですけど,「狡兎死して走狗煮らる」ということわざがあるように,訴訟担当者というのは言ってみれば,会社では兵隊さんなんですよね。だから闘えと経営者に言われて,一生懸命さきほどのような論点を頑張って主張・立証して闘っているんですけど,裁判というなかでは,経営者のほうはもう和解解決だと言うこともあるわけですね。そうすると,訴訟担当者というのは梯子を外された気がするんですね。一生懸命闘えと,勝ってこいと送りだされたのに,後ろから梯子を外されて闘わなくていいと言われても…。会社の経営者はそういう判断をして解決に向かうわけですが,私も半分担当者だったし,半分管理者・経営者だったのでこの気持ちがわかるんですが,長年訴訟をやってきた我々の仲間の多くは,いまだにそういう意識をもっていて,あの和解だけは理解できんって言っていますね。

だけど私は,そういう面もあるけど大きな流れというのもあるし,会社にしても和解が一番いい結論だったと思います。

元訴訟担当者・弁護士の再会——「NAKAMAの会」

「NAKAMAの会」パーティー(2008年)というのがありますが,2008年というのは西淀川訴訟が提訴されてからちょうど30年の年なんです。訴訟が終わってすでに10数年になっていますけど,あえて私がと言わせてもらいますが,私が呼びかけ人になって,そういう訴訟担当者・弁護士に集まってもらってパーティーをやったんです。

「NAKAMAの会」というネーミングも私がつけたんですが,最初のNAKというのは西淀川訴訟の我々の呼び名なんですね。Nは西淀,Aは尼崎,Kは此花。NAK三地区の被告企業が集まって訴訟をやっていたので,共同事務所あるいは何かで会議室を借るということなったら,NAKという表示をしていたんですね。あとのAMAは何かというと,今日は全然話をしませんでしたけど,西淀川訴訟が起こって何年かして尼崎

地区でも同じような理由で訴訟が起こったんですね。それも被告企業はほとんど一緒でしたから，我々が対応して尼崎のもやってきたんです。これがAMA（あま）の会なんですね。

ですから，たまたまくっつけたら仲間（NAKAMA）になるので，語呂がいいので仲間の会というネーミングにして，大阪のホテルグランヴィアで大パーティーをやりました。そしたら，さっきの梯子を外されたと非常に憤慨していた人もね，このパーティーのおかげでようやく自分らも訴訟を終わらせた気がしたと，納得したというか，本来の気持ちで訴訟を終わらせることができたと喜んでくれましたね。

ある日突然，和解や，みんな訴訟はなしや，と言われたわけだから，担当者からしてみたら，それまでは闘え勝ってこいと言われていたのに，突然もういいよと言われてもね。それはたとえはよろしくないけれど，「狡兎死して走狗煮らる」と。走り回っていた犬はもう要らないよということですね。

法的責任追及か政治的解決か

本件訴訟は今にして思うと，時代の屈折点における軋みだったなあと冷静にみればそう思います。トラブル処理というのは，この公害訴訟に限らず，基本となる法律は時代の変化にともなって改正されていかなければいけないものだけれど，どうしても法律の改正というのは遅れるんですよね。その狭間で，本件のような公害訴訟が起こってくるということじゃないかなと私は思います。ということであるとすれば，本件はあえて言わせてもらえば，法的責任を追及するのではなくて，政治判断が必要な事案，政治的解決がよかったんじゃないかと今はそう思っております。

時代の変化が非常に大きい現在，こうした法的責任追及じゃなくて政治判断が必要な事柄というのは増えてくるんじゃないかと思っております。ですから水俣でもそうでしょうし，薬害エイズの問題でも，その他いろん

な事件がありますけども、なかなか単純に法的責任を追及すると言っても、そのときの法律では対応しきれないような事案があって、法律を変えるのかあるいは政治的な判断によって解決していくのか、そういうことが必要な事案ということだろうと思います。

ですから、そのような狭間で公害問題も起こったのかなと思います。そういう意味で私は、西淀川公害問題においても訴訟という解決方法が必ずしもベストではなかったと思うんです。政治的解決のほうが本当はよかったかなと思うところがありますけれども、ただそれがなかなかそうはいかない。もちろん法律も時代の変化に則した格好でなかなか改正されないというなかで、こういう訴訟という形で解決しようとしたと。

最後は和解という格好で処理をされた。まあ西淀川訴訟の流れというものは、やはり非常に意味があって画期的であったかなと思っております。私も一応担当者のひとりであったということで、ベストの解決かといえばそうとも思わないこともあるんですけど、全体的に言えば一番いい解決をしたという評価にはなるだろうなと思います。

本件訴訟解決スタイルの意義と「あおぞら財団」の使命

こういう難しい問題の解決に一定のスタイルを作りだした森脇さんは、一番の功労者だろうなとは思います。西淀川訴訟は、ある意味で全国のこういった、何て言うか時代の軋みというか、ただ単に法律だけで解決できないような問題やトラブル処理の先例になったんですよね。それこそ西淀川の例のように、訴訟が成り立ちそうにない事案を訴訟という格好で取り上げて、訴訟で闘って、それで最後に和解解決という格好でやると、そういうスタイルを打ち立てた先駆者だろうと思っているんです。

成功の鍵は、私が言うのはおこがましいですが、やはり被害者を組織化したということですね。それから単なる賠償金獲得じゃなくて、あおぞらを取り戻して次代に残すというスローガンを立てたこと。これはもう大変

な功績というか，素晴らしいことだったなあと思います。たぶんですけど，賠償金を獲るという話だけだと，企業はなかなか和解に乗ってこなかっただろうと思います。やっぱりあおぞらを取り戻したいというのは企業も全然異論がないところでして…。

　ただ，そのあおぞらがこんなになっているじゃないかということについて，一部の企業だけが責任のあるかのように責任追及されると，それはそうじゃないだろうと言いたくなる部分もあるんですね。ただ，こういう状態が異常であったのは確かで，早期の解決が必要だったんですね。それが被告企業だけの責任というふうにいわれるとなると，被告企業の側は非常に心外な気持ちになるし，たぶん攻めておられる原告の方々にしても，ある意味しっくりしないところがあったんじゃないかと推察するんです。ただ，そういう形をとって解決するしか，解決の道はなかったのかなと。それはそれでやむをえない流れかなというふうに，ある程度私は理解はするんですね。

　こういう時代の軋みみたいなトラブルについて，裁判をやって，それでこういう和解解決，それも単に賠償金ということじゃなくて，根本のところをどう解決していくか，将来にわたってそういう解決を維持していくという強い意志をもっているという，そのことがやはり非常に画期的で素晴らしいことだったと思います。だから私，「あおぞら財団」(公益財団法人公害地域再生センター)の使命というのは，やっぱりこの和解の意志を風化させないで次の世代に継いでいくことだろうと思っております。ですから，いろいろ言いましたけど，私も被告企業の立場でしたので，必ずしも100点満点だと思ってないですけど，冷静にみた場合，やっぱりこれは一番うまい解決をされたんだろうなと思っています。

質疑応答の抄録

　Q：法規室長になられた頃に，上田さんとか森脇さんとかと接触された

大学生からの質問に答える山岸さん

と言われたのですけど，当時どうつながって，どういうタイミングでどのようなお話しをされていたのですか？

　A：それは森脇さんに聞かないといけませんが，森脇さんが書かれた西淀川の本（西淀川公害患者と家族の会編『西淀川公害を語る』本の泉社，2008年）に出てくるんですけど，やはり訴訟ばっかりでこの問題は解決しきれないなあ，と森脇さんのほうも思ったはずと半分推測でいいます。訴訟は難しいわけですから，これで解決できるようにはなかなか思えなかったんじゃないかなというふうに思うし，どういう結果になるのかなかなか予測もつかないようなところもありました。やはり訴訟一辺倒じゃなくて，それなりに解決の模索をするというのはリーダーとして当然のことだったんでしょうね。

　そのときに，いろんなツテを頼って，企業側にもそういう話ができる人がいないだろうかということで，たぶん探しておられたんだろうと思いますよね。企業の側も，訴訟担当者はさっき言ったように兵隊さんですから，

訴訟に勝つために必死でやっていましたけど，ただちょっと上のレベルの立場になりますと，企業としてどういうふうに処理するのが一番ええのか，全体を通して言えば損得をとるってことになります。損得というのは，単純にお金の損得だけじゃなく，企業が社会からどのようにみられるだろうかとか，ということも損得なんですね。やはり経営者，上のレベルになるといろんな損得というものを考えておりますし，また考えないと経営者じゃないわけでね。そういう部分があるのも事実ですから，そういうところに働きかけをしようということで，たぶん企業の側からじゃないけど，森脇さんらの側のほうから声をかけてきたんじゃないかなと思います。それで，あの話この話としているとそれなりの信頼関係というものも出てきて，本音のことも言えるようになってね。早い話が，最後の場面で言えば，こういう形をとってくれるなら，こういう条件なら企業もひょっとしたら受け入れるかもしれん，そういうことを率直にあれやこれや話ができるという場面が出てくるんでしょうね。

Q：和解にむけた作業は，共同事務所でも取り扱っていたのでしょうか。

A：共同事務所とは関係ないでしょうね。共同事務所は訴訟担当者の第三の闘う場であってですね，共同事務所で和解の話し合いをするというのはまずなかった。ただ，私は最後の局面では離れていましたからね。そして和解というものは，ちんたらちんたらするものじゃなくて，やはりある時期一気呵成にするものですから，正直言って和解の最後の場面というのは私にはちょっとわからないですね。

Q：その会社全体からみたら，社外に共同事務所ができることによって会社全体の訴訟に対する関心というのが薄らいでいったり，全然部署が違うから我関せずという人が増えていったり，そういうことが社内で起こっ

ていましたか。

　A：そうです。会社では有力な役員がこうしろああしろと言う指示を受けて，それをうまく処理をするということが良い奴だということで偉くなるということなんでしょう。訴訟というものは，やはり神戸製鋼に限らずどの会社でも，上にいる役員からしたら自分でどうすることもできないんですね。もともと訴訟というのは共同作業ということもあるし，会社の業務とちょっと毛色が違っているところもあるので，だいたいは担当の役員からは最後のところは俺も変なところあったらチェックは入れるけれども，仲良くうまくやれよということで，放って置かれるんですね。

　ついでに私が日頃思っていることで言えば，サラリーマンもいろんな仕事がありますけど，法務の仕事と経理の仕事というのは他の仕事とはちょっと違うとこがある。何かというと，会社ではもちろん上司がおるわけだから，上司の言うことも聞いて仕事をしていくわけだけど，上司の言うことだけ聞いていたんじゃ法務担当の仕事はできないんですよね。訴訟のことに限らず，訴訟以外の法務の仕事を担当するようになってからは，上の人がこれをこうしたいと言ってもそれは駄目だと，法律にこう書いているから駄目ですよと。いろいろブレーキかけるようなことを私は言いました。そういう意味で経理なんかも同じように，経理のルールもありますから，会社がこうしたいと言ってもそんな処理は認められませんよと，そう言わなきゃいけない立場ですわね。

　だから，法規と経理の担当というのは，いわばふたつの神様，会社の上司という神様と自分の専門とするところのルールというものと，ふたつもっている。特殊なものですね。それ以外の人はやはり，上司にこうしろと言われたらハイと言わざるを得ない。それに対抗するルールもそうそうあるものでもない。私らやっぱり長年法規の仕事をしていましたから，上の人が何か言うと，むしろブレーキをかけるようなことを言うことは多か

ったかなと思うことはあります。

　Q：あおぞら財団ができて，ここの活動に被告企業10社の方が積極的に関与して一緒にまちづくりやっているのかと思っていたんです。しかしあんまり，他の会社のみなさんの顔はあおぞら財団ではみえない。そのへんの実態はどうなっているのでしょうか。

　A：この地域の再生に関わっているかどうかというと，あんまりないなと思うんですけど，まあその答えと関係あるかはわからないですけど，この財団に私のような人間が来て話をすることも自体も初めてだったという気もするんですね。もちろん今だって企業と財団はつながり，いろんな接点はあるわけですから，企業の現時点での環境対策はどうなっているかとか，説明を聞くような場はいろんな形であると思うんですけど。私みたいに昔，訴訟やっていてこんなところでちょっと納得できない部分もあるなんて言うことは初めてだろうと思うけど（笑）。ただ私はこういう機会を与えてもらったので，私に限りませんけれども，これからも若い方に企業というのはどう考えるか，ちょっと立場の違った形でお話しするような機会があればいいことかなとは思いますけどね。
　会社というのは，昔は一生懸命，社業に専念していればよかったけど，今は多くのステークホルダーがいて，社会的責任を感じる時代になったと。そういった時代が変わっていく接点のひとつに訴訟もあったんだろうと思うので，やはりこの訴訟の和解解決というのは大きな役割だったんだろうと思いますね。単に内輪でせっせと生産活動をやっているだけではだめだと。昔はあんまりそんなこと気にしなかったからね。

　Q：私は新入社員が神戸製鋼に入ってこられたら，社史を勉強するなかでこの歴史も学ばれて，社員として共助の意識をもって現場に出られたら

3　被告企業からみた西淀川公害訴訟

いいなあと。それが良い財産として訴訟も経験した企業側の財産として残れば，もっと素敵な会社になるんじゃないかなと思うのです。えらそうですけど。

　Ａ：ただ何ていうのか，公害訴訟といわれるものはいろんな形があるでしょう。私は自分がこの西淀の訴訟に関わったから言うわけでもないけど，この訴訟ぐらいわけのわからない，難しいものはなかったと思いますよ。

　ほかのたとえば熊本や新潟の水俣病にしても，イタイイタイ病にしても，もう明白にその会社の排出物が原因になったということは確かなものだったけれど，西淀の訴訟はその点について言えば「不純」なものですよね。私が関わってきているから言うんじゃないけど，いま振り返っても単純でないんですよね。だから，その責任をとるべきだと理論構築して訴訟するというところの難しさはものすごくあったと思うし，反面私らからすれば，いまだにその部分では納得はしてないですよね。ただ全体としての責任，全体としての解決ということを考えたときに，この結果はよかったなと思うんですけど。

　これでもって神戸製鋼はとんでもない悪いことをしたんだということを社内に語り継いで反省すべきだということになると，結構難しい。正直に言わせてもらいますけど。そう簡単に，加害者とは言えないだろうと思うんですよね。だけど，結果として大気汚染があって，被害者がおるわけだから，それに関係したという意味では間違いのないことで，それは法的責任として追及されるのは辛いなということですよね。

　今のように，大気汚染を起こさないために排出量の規制をするとか，こういう規制をするんだとか，いろんな法的規制がきちっとされて，それがあるなかで守ってなかったじゃないかという話ならわかるんですが，それがない時代に何をもって悪いと言われるのかと言ったらね，結果だけですよ。まあつまり，その結果についてもどれだけの責任の度合いがあるかと

いえば，これは難しい話でね。だからよく言われるけど，ここに水がこぼれている。最後の一滴を入れたらそれでこぼれたと。それがこぼれたのは最後の人の責任かといったら，それはたまたま順番になったから，この人が最後に残っているわけだから責任があるんじゃないかと，そういうこともたとえばあるわけで，難しいんですよね。反省が足りないと言われるかもしれませんが…。

オブザーバー参加の上田敏幸さんから

私はたまたま訴訟のなかで企業との接点をつくる役割を命じられてやることになって，企業の利益を代表する方と被害者の側の利益がどこで折り合いをつけられるか，折り合いをつけるために話をできる人がいるはずやという前提のもとに，接触していった。だからもう，勝算があるとかわかっているとか全くなくて，まさに無我夢中，"暗夜行路"のなかを歩くという状況でした。

それなりに信頼できる方を，コミュニケーションをとれる方をどれだけつくっていくか，必ずおられるはずやと。それが被害者の利益につながるし，僕は知りませんけど，必ず会社の利益にもつながるだろうと。それを共有できる人がいるだろうと，今だから言えるんですけど，そのときは無我夢中でした（笑）。そういうなかに自分が身をおけたのは幸せなんですね。山岸さんに来ていただいて，僕も思いだしていました。今日は本当にどうもありがとうございました。

4 西淀川公害に関する大阪市の取り組み
——西淀川区公害特別機動隊について——

増田喬史さん（元大阪市西淀川区大気汚染緊急対策汚染解析班）
相崎元衛さん（元大阪市西淀川区公害特別機動隊 班長）

> 1970（昭和45）年，大阪市は西淀川区公害特別機動隊を組織し，西淀川公害の現状把握や工場への立ち入り指導といった行政としての対策を推進していった。西淀川区公害特別機動隊による熱心な取り組みによって，大阪市はほぼ当初の計画どおり，市として設定した目標値を達成したと言われている。このような取り組みは全国的にも初めてのことであった。以下は，前出の西淀川地域研究会の第17回（2004年4月13日）に，西淀川区公害特別機動隊のメンバーであった増田喬史さんと相崎元衛さんを招聘しご講演いただいた記録である。

1　増田喬史さんのお話

　私は1969（昭和44）年に大阪市に奉職し，すぐに公害問題を担当しました。それ以来，三十数年間つづけています。そのなかで最初の大きな仕事が，西淀川区の大気汚染対策でした。

大阪市独自の大気汚染対策
　昭和30年代後半の大阪は，常にスモッグの状態でした。経済成長の影響を受けて，昭和30年代頃には，すでに大気汚染は非常に酷くなってい

たわけです。当時の西淀川区の大気汚染の濃度は，今では考えられない濃度なんですが，硫黄酸化物濃度が最高0.162ppm（月平均値）程度でした。いかに酷かったかということがお分かりいただけると思います。大阪の場合，西淀川区などの西部の臨海部に工業地帯がありますので，とくにそのあたりの地域が問題であったということです。大阪市として，西淀川区に限らず，市域全体としてこうした大気汚染対策をどうしたらいいのかということを検討してきたわけです。それでまずは，戦略を練るというところからはじめました。

1965（昭和40）年に，学識経験者らで組織しております大阪市の公害対策審議会の中で，大阪市独自に環境管理基準というものを決めて，これを目標に対策をやっていこうということになったわけです。現在は，環境を汚染する物質には環境基準という国の基準がありますけれども，当時はまだそういうものがありませんでした（1969年，二酸化硫黄の環境基準を閣議決定）。この環境管理基準をつくるのと同時に，目標を達成するためにどういう手法が有効かというところまで提言したわけです。その手法とは，まず西部工業地帯，これを特別汚染対策地区に指定して，そこで色んな実態調査などをやっていこうというものです。汚染をなくすには，やはり汚染物質の総量を抑えていかなければなりません。そのために，発生源である企業と行政がこの同じ目標に向かって取り組んでいく必要がありました。

大気中の汚染物質の濃度を把握するための手法には，大気拡散シミュレーション手法というものがありました。これは煙がどのように流れていくのかを，コンピュータを使って予測する手法です。こういう技術を応用して，先ほどの環境管理基準を守るために，煙突の排出量をどれだけ抑えたらいいかというのを科学的に計算していきました。また大阪の場合，やはり中小企業が多いわけですので，行政としてはこうした中小企業が公害防止対策を取れるように，何らかの支援策を考えていかなければなりませんでした。このように，公害対策審議会の議論の中から，行政が大気汚染の

4 西淀川公害に関する大阪市の取り組み

表1 大阪市独自の環境管理基準と達成するための方策

環境管理基準
①亜硫酸ガス（無水硫酸を含む） 　　1日平均値　0.1ppm 　　ただし，汚染の最高濃度を限定するため短時間最高濃度を定める。 　　1日1回値　0.2ppm ②浮遊ばいじん 　　1日平均値　0.5mg/m^3 ③降下ばいじん 　　月平均値　10ton/km^2
環境管理基準を達成するための，具体的な方策
(1) 汚染源が密集し，排出量が著しく大きい西部臨海工業地帯を「特別汚染対策地区」とすること。 (2) 許容総排出量を明らかにした上で，「企業と行政が共通目標」のもとに，短期，中期の対策を立てるべきである。 (3) 最近の研究で開発された「大気拡散シミュレーション手法」を活用し，現状及び将来において，「環境管理基準」を守るためには，どの程度に亜硫酸ガス排出量を抑えなければならないかを推定すること。 (4) 燃料規制を行い，低S重油を使用する。 (5) 除じん装置の設置，脱硫装置の開発，実用化。 (6) 高煙突化により希釈し，拡散効果をはかること。 (7) 中小企業に対する防除技術の指導および融資助成。 (8) 大気汚染モニタリングシステムの確立。 (9) 市民に対する啓発運動を展開し，企業には社会的責任の自覚を促すこと。

（資料）　大阪市公害対策審議会答申（1965年）
（出所）　当日配布資料による。

状況をしっかり把握して，企業の自覚を促していくというような手法が必要であるという方針が出されたのです。

西淀川区大気汚染緊急対策

また，1969年には，西淀川区が公害指定地域に指定され，大阪市としてもそれに対応しなければならないということで，1970年から西淀川区の大気汚染緊急対策をスタートすることになりました。その時の目標は，

西淀川区の公害地域指定を解除するということです。国は，二酸化硫黄の環境基準を10年で達成するという目標でしたけれども，大阪市はこれを2年で達成しようという目標ではじめました。西淀川区では，大気汚染による健康影響の実態から，発生源対策をはじめ，上下水道の整備，緑化の促進，学校に空気清浄機を設置するとか，さまざまな総合的な対策として，着手していきました。

　西淀川区の対策を，具体的にはどういう体制でやったのかということですが，西淀川区公害特別機動隊13名（3班）と，この公害特別機動隊をサポートする「汚染解析班」（3名）を編成しました。そして，西淀川区の全工場への立ち入り調査を行って，まずどういう公害があるかという実態調査をはじめたわけです。当時の工場は，1200ほどあったと思います。西淀川区公害特別機動隊が集めたデータを解析班に送り，解析班は環境汚染監視センターと共同しまして，気象条件とか汚染状況，発生源の排出条件をコンピュータに入力，解析して，各工場がどれだけの汚染寄与をしているかというのを割り出しまして，それで全体的な計画というものをつくって，個々の工場に改善指導に入ったんです。

　工場からはこういうことを改善しますという計画書を大阪市に出してもらい，その後，計画通りやっているかどうかという効果判定も西淀川区公害特別機動隊が行ったということになります。計画の進捗状況を確かめる時は，必ず測定が必要なので，衛生研究所（現在の大阪市の環境科学研究所）が立ち入りをして測定するというようなシステムでやっておったわけです。

　こうした工場立ち入り調査の中で，大気汚染の発生源である硫黄酸化物を取り扱う工場が，西淀川区内に189，隣接する尼崎市に67工場あり，合わせて256工場あるということが分かったわけです。これらの排出状況を全部コンピュータに入れ，どういう寄与があるのかを計算しました。西淀川の地図をメッシュで区切って，全部の煙突の座標を1本ずつ設定しまして，メッシュの格子点で寄与濃度を計算するわけです。ですから例えば，

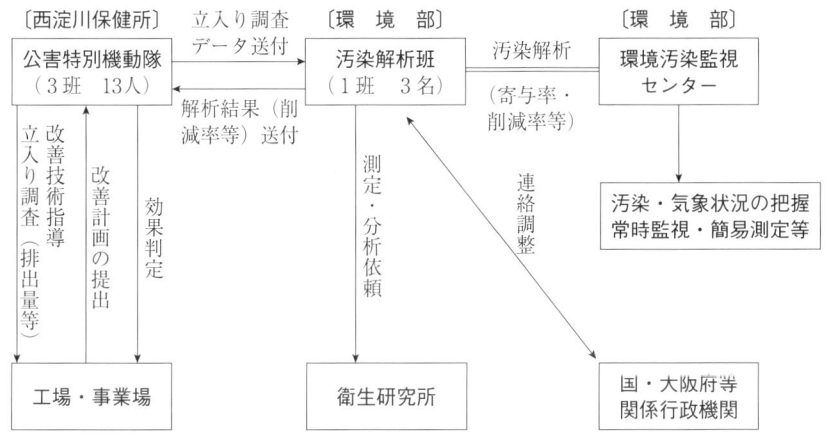

4　西淀川公害に関する大阪市の取り組み

```
〔西淀川保健所〕  立入り調査     〔環　境　部〕    汚染解析    〔環　境　部〕
 公害特別機動隊   データ送付     汚染解析班      ────→    環境汚染監視
 （3班　13人）   ─────→      （1班　3名）    （寄与率・   センター
                 解析結果（削                    削減率等）
                 減率等）送付                                 │
                                                              ↓
                                    測定・                汚染・気象状況の把握
                                    分析依頼              常時監視・簡易測定等
  立改改効
  入善善果
  り技計判      連絡調整
  調術画定
  査指の
  （導提
  排    出
  出
  量
  等
  ）
  
  工場・事業場              衛生研究所              国・大阪府等
                                                   関係行政機関
```

図1　西淀川区大気汚染緊急対策の進め方フロー

（出所）当日配布資料による。

表2　いおう酸化物年次低減計画（1971）

	規模	工場数	低減計画内容	実施期日
西淀川区	大企業	4	①平均47.3%（拡散加味71.9%）の削減要請（対1970年度） ②低いおう燃料（1.0％以下），低いおう原料の使用 ③73年度，焼結炉に排煙脱硫装置設置	1971年11月1日から
	中小企業	151	①平均51％の削減要請（対1970年度） ②低いおう燃料（1.0％以下）の使用	
	合計	155	平均49.7％の削減要請（対1970年度）	
尼崎市立地企業			1970年9月実績より，着地濃度で60％削減を要請	

西淀川区いおう酸化物総排出量（Nm³/hr）			対1970年カット率
1967年度	1970年度	1971年11月以降の計画値	49.7％
961.1	712.6	358.3	

（出所）当日配布資料による。

ここにある工場がそれぞれのメッシュの濃度にどれだけ寄与しているか，という計算をするわけです。実際には，大気汚染の測定をしていてもどこの発生源がどの程度影響しているかということは分かりません。この手法では，計算上ですけれども，Aという工場は何％寄与しているとか，Bはどれだけか，まず因果関係をはっきりさせることができるのです。

淀川製鋼への立ち入り調査
右から淀川製鋼の担当者，公害特別機動隊の相崎元衛さん，増田浩さん，中野泰三さん（相崎元衛さん所蔵）

　この計算結果に基づきまして，各工場の防止計画をつくらせました。その時は主に鉄鋼関係などの大企業4社，それと中小が151社の計画をつくりました。もうひとつは尼崎の影響があります。大阪の場合，風向を見てみますとだいたい北東系と西風系が多いのです。阪神工業地帯の一部である尼崎は，西淀川区の燃料使用量の10倍程度を使っているわけです。此花区でも西淀川区の燃料使用量の5倍くらい使っている。けれども風向を見てみると南系は少ないわけですから，此花の影響はあまりないだろうと。むしろ尼崎の影響が大きいだろうということがわかるわけです。尼崎の立地企業については，尼崎市役所を通じて着地濃度で60％削減してくださいと，尼崎市長に要請もしておりました。

　対策の中身ですけれども，硫黄分の少ない燃料に切り替えてもらうというのがメインです。中小企業の場合はそれしか対策がないと思います。それ以外の大企業には，排煙脱硫装置という煙突の煙から硫黄酸化物を除去する装置を付けてもらうことになります。レアケースとして，1社だけあったと思うのですが，老朽化した煙突を建て替える時には，高い煙突にしてくださいというような指導もしました。

　こうした指導の結果，ほぼ計画通り削減目標を達成することができたの

です。環境濃度でみますと，1969年には年平均値で0.083ppmという数字なんですけれども，これが1970〜71（昭和45〜46）年に対策を行った結果，1972（昭和47）年には，0.042ppmに半減したわけです。国の環境基準も1972年には達成できたということで，集中的に対策して得られた成果として非常にいい例だと思います。現在では，先ほど言いましたように0.005〜0.006ppm位の濃度ですので，当時の数字から9割以上のカットという成果が出たわけです。

市が後押しした企業の公害対策

　大阪市の戦略をつくったこの時代に，西部臨海地区を特別汚染対策地区と指定して様々な発生源のデータや環境，大気汚染の状況のデータを調べ上げたというのは，我々としても評価できることだったと思っております。西淀川区はとくに，測定もきめ細かくしておりましたので，そういったデータを蓄積することができました。また，大気拡散シミュレーション手法によって，発生源対策を進めるために科学的な裏づけのあるデータを計算することができたということです。これによって，企業も「公害対策をやっていかなあかんな」という機運になっていったと思います。

　1970年当時，西淀川区は本当に公害の街というレッテルを貼られておりました。確かに住民は被害者でしたけれども，企業のほうもやはり自分のところの従業員を公害の街で働かせたくないという，そういう危機感を持っていたわけです。マスメディアでも連日，公害追放キャンペーンというのをやっていた時代でした。

　こうした中で，私はこれが重要だと思うんですけれども，行政と企業が対話しながら規制以上の対策を進めていったということです。この当時，大阪市には工場への立ち入り権限がありませんでした。工場への立ち入り権限があったのは，大阪府だったわけです（1971年に大阪市に移管）。けれども大阪市は，健康被害が顕在化していること，発生源対策の緊急性を考

え，面と向かって粘り強く企業と対話し，そうした対話を通じて，企業もまた対策をしていかなあかんなという機運になっていったということです。

実は当時は，まだ完全な公害防止装置というものがありませんでした。そのような状況の中で，行政と企業とが色んな研究をしながら，公害防止の技術を開発していきました。ですから，西淀川で初めて導入された公害防止装置というものもあるわけです。電気炉の建屋集塵装置や廃水と廃ガス処理を同時にするような，理論的には紹介されていても実用化されていなかったような，そういうものを現場で試行錯誤し，新技術として世に出していったということがあります。

また，公害対策を行う中小企業に対する経済的な支援というのも大きな貢献だったと考えております。ひとつは融資制度（公害防止設備資金融資制度）です。事業者が対策を取る際のお金は，銀行が融資するわけですけれども，事業者に対策の計画や資金計画を大阪市に出してもらい，これをチェックしてOKだったら銀行が融資する，大阪市がそれを保証するというものです。さらに，利子の一部も大阪市が助成することで，小さな企業でも金利1％でお金が借りられるようにしました。

もうひとつの制度と致しましては，工場跡地の買い上げ制度（大阪市公害工場移転跡買収制度）があります。住民から苦情のある事業者は，現地で対策できればよいのですが，敷地が狭いとか技術がないとかという場合，どうしても工場移転になるわけです。そういう場合，大阪市がこの跡地を買収し，その資金で移転し，公害対策を実施します。その後，跡地が工場になるといけませんので，後は公園とか公共目的の土地利用にする仕組みをつくったのです。

こうした制度の下で，当時の西淀川区内の工場が，2年間でどれだけの公害防止設備投資をしたのかというアンケートをしたのですけれども，その財源を調査すると，全工場の総投資額のうち，自己資金でやったのが28％，大阪市の融資制度を使ったのが27％，工場独自に他の金融機関か

4 西淀川公害に関する大阪市の取り組み

公害を出した工場の再開反対を訴えるポスター
　1971年10月13日,大和田交差点(北東角)にて撮影(相崎元衛さん所蔵)。
　出来島で操業していた永大石油鉱業は1969年に7月に防除装置が故障して,高濃度の亜硫酸ガスを撒き散らし,出来島の公団住宅のアサガオを一晩ですべて枯らしてしまった。振興町会やPTAなどは共同して公害反対運動を展開した。11月24日に大阪府は事業所公害防止条例にもとづき改善命令を出し,また,1970年6月27日に大阪市が約1億円で土地の買収と移転補償を行って,工場の一部取り壊しがはじまった。しかし,大阪市が買収できたのは同社所有地の半分だったため,1971年7月に工場再開の動きが起こった。これに対し,住民は公害反対運動を行って,再開を阻止した。(林美帆注記)

　ら融資を受けたのが46％,という割合でした。これを大阪市の融資制度でみますと,大阪市の融資制度は1967(昭和42)年からスタートしたわけですけれども,例えば1967年でしたら,全市で24件あったうち西淀川区は1件,1968(昭和43)年は全市88件のうち西淀川区は4件でした。ところが1970～71年の対策期間中では,1970年で全市120件のうち西淀川区37件,1971年では全市137件のうち西淀川区36件となりました。このように,全市のうち30％が西淀川区に集中的に融資されたんですね。

　先ほどの跡地買い上げにつきましても,1970年では全体の約4割が西淀川区のために使われたというような経過がありまして,大阪市としても資金的にはかなり西淀川区に集中投入したということが言えると思います。

また，国の政策もありました。当時，とくに汚染のひどかった大阪とか東京，ここらへんに集中的に低硫黄の重油を供給しようというような政策もあったわけです。そういう政策と相俟って，目標を達成することができたのです。

　以上で私の話を終わらせていただきます。

2　相崎元衛さんのお話

　私は群馬県の出身で，1957（昭和32）年12月まで群馬県庁に勤めておりましたが，1958（昭和33）年に大阪市に転職し，城東区で環境衛生監視員をすることになりました。環境衛生監視員というのは，そもそも理容院・美容院，クリーニング，公衆浴場，ホテル・旅館，興行場，こういうものの指導をすることと，害虫の駆除などが仕事でした。

　ところがそれに加えて，城東区はとくに中小工場が混在していてガラス工場，化学工場等が多いですから，ばい煙や悪臭，騒音がものすごいんですね。昭和30年代頃は石炭をものすごく使っていましたから，悪臭などを出す工場もありまして，苦情が殺到していたわけです。苦情は全部保健所にくるのですが，こうした苦情の対応もしていました。

大阪市の環境衛生監視員の取り組み

　当時，公害防止条例はあったことはあったんですが，大阪府の条例で府が権限を持っていて，市には権限がありませんでした。「煙が出てるからなんとかせえや」というような苦情を処理しなければならないのですが，技術的な指導なんて何もできないわけです。煙突に金網を巻く程度の対策しかできない。そんなこと全然対策にもなってないんですけど。最初はそういうことをやっていました。

　1960年代当時，大阪市には22の保健所がありまして，1人ずつ監視員

がおったんです。それを徐々に増やしていって，1つの保健所に2人の監視員という体制にまでなったわけですけれども，隣の保健所が何をしているか分からんという，ばらばらの状況ではいけないということで，研修と懇親をやる監視員会というのをつくったんです。日常業務に必要な専門的な知識を学び情報共有をするためのものとして，昆虫部会，公害部会，検査部会，法令部会といった部会をつくりました。私は苦情処理ばかりやっていたものですから，公害部会に入りました。

大阪市役所前にて，相崎元衛さん（相崎元衛さん所蔵）

　そうこうしているうちに，保健所を2ヶ所くらい回りまして，1965年頃に本課（統括部局）のほうへ異動しました。その頃，大阪市にも公害防止係という部署が出てきまして，ちょうど西淀川区などの公害対策をはじめようとしていた頃だったと思います。まだ私らが西淀川区公害特別機動隊になる前の時期に，住民とものすごく揉めたことがあったんですね。そんなこともあり，とにかく汚染の激しい西淀川区の対策をやらないかんというムードが行政の中にも漂っていたわけです。

　私は，1970年の3月まで公害防止係におったんですが，1969年の「公害に係る健康被害の救済に関する特別措置法」をつくる過程で，呼吸器系の疾患（四疾患）と大気汚染濃度との相関を図面に書きました。相関係数がどれ位あるか忘れましたけれども，かなり相関があるという数字を出したことを覚えています。西淀川区は，この特別措置法によって公害地域に指定されたわけです。まだ西淀川区公害特別機動隊に入る以前の段階で，西淀川は他の地域と比較しても，大気汚染がとくにひどかったということです。

公害発生源工場の意識調査

　1970年の4月に、西淀川区の保健所に配属されました。役職が上がって張り切ってきたわけですけれども、その時にはもう公害指定地域になっていましたので、局長から送別会の席上で「おまえ西淀川をきれいにしてこい」と叱咤激励されました。そんなこともあり、こちらに赴任してから、何をしたらいいか色々考えたんです。

　そこでまず、西淀川の全工場を対象にアンケートをしました。まだ西淀川区公害特別機動隊ができる前です。西淀川区公害特別機動隊は1970年の7月27日にできたんですよ。私が、1970年の4月に西淀川に行った段階で、考えて考えて、まずは、とにかく工場の意識調査といいますか、いったん全部調査しようということになったのです。当時、西淀川区の環境課長や西淀川工業協会の専務に調査をしたいと言うたら、えらいもう協力してくれまして、はがきを準備してくれたり、西淀川工業協会の名簿も提供してくれたんです。西淀川工業協会の会員さんにもアンケートを書いていただき、調査をまとめることができたのです。アンケート調査結果には、私も非常に驚きました。これまで、苦情処理という部分でしか西淀川の状況を知らなかったので、まあここは悪いなという、そういう頭しかなかった。それが、工場にアンケートをした結果は、「悪いけれど資金がない」とか「技術的に公害対策ができない」といった事業者が公害対策に積極的な意見が出てきたもんですから。これは非常に重要な調査結果であるなということで、集計しておきました。

　そしたらちょうど、西淀川区公害特別機動隊ができる1ヶ月ほど前に、大阪市の財政局長に、西淀川の公害対策についてヒアリングしたいということで呼ばれました。そこで、「対策のためにはいくら予算いるねん」というような話がありましてね、そこで、よう調査しとったなと思ったのがこのアンケートなんですよ。融資制度になんぼくらい使えるとか、なんぼくらい必要だとかいうのが、調査結果を踏まえて説明することができたの

です。このアンケート調査の結果がなかったら,「おまえ西淀川に何しにいっとんねん」と言われるところだったんじゃないかと,調査をしていて非常によかったなあということがありました。

西淀川区公害特別機動隊の発足

1970年7月27日に,西淀川区公害特別機動隊が発足したんですが,中馬市長が市庁舎の前で,「君たちは西淀川の公害特別機動隊として,指定地域解除に向けた活動をしてこい」というような内容の訓示をしたようです。私はどんなものだったか覚えていないんですけれども。隊長を入れて13人が一斉に敬礼をした姿は,おそらくその当時のテレビに出ていたと思います。まあそんなことで,私ら皆こんなことになるとは思っていなかったんですけれども,確かに西淀川区公害特別機動隊をやったことによって,ひとつのパフォーマンスっていうんですかね,企業も住民も我々も役に立ったし,そういう環境づくりのために,非常に意味があったんじゃないかなと思います。ただ,今までこんな場面に遭遇したことがなかったので,その時は舞い上がってしまい,気が引き締まるところではなかったです。本当に実感したのは,2,3日後のことだったと思います。

その頃の西淀川区は,白い煙や赤黒いばい煙などで,国道43号線を通るのに昼間でも自動車はヘッドライトを付けて走るような状況でした。古河鉱業株式会社(現・古河ケミカルズ株式会社),大阪製鋼株式会社(現・合同製鐵株式会社),中山鋼業株式会社,久保田鉄工株式会社(現・株式会社クボタ),日本化学工業株式会社,共栄鉄工株式会社,三栄精工株式会社等の煙やガスが入り混じって,大変なものでした。

西淀川区公害特別機動隊は,1班に班長が1人,隊員が2人,運転手が1人で編成され,1班に公害パトロールの自動車が1台ついていました。まず,西淀川工業協会をはじめ,地域振興会,連合会など地域の各団体に対して,西淀川区公害特別機動隊活動に関する趣旨説明と協力依頼をやり

ました。説明会では，結構活発に色んな意見も出るし，我々の言うことにも耳を傾けてくれはって。中にはですね，「大阪市には規制権限がないのに，何故我々に厳しい規制をするのか」と詰め寄った真面目な担当者もおりました。

　当時，我々には立ち入り権も規制権限もなかったわけですね。大阪府から大阪市に権限が移譲されたのは，1971 年の 6 月です。その前の 1970 年の段階でやるわけですから，大阪府からしてみれば，「おまえら，わしらより厳しい規制かけとるけど，規制権限ないんちゃうか」ということだったでしょうね。企業の担当者からの詰問に，私らは「西淀川は，大気汚染の四疾病の罹患率の高い地域と指定された。なかには寿命を縮めて亡くなっていく人もある。あんたらは，対策もせずに徐々に人を殺してもいいんか」というような，非常に激しいやり取りをしたこともありました。それはまあ本当に酷い環境にあったもんですから，対策についても，私らのいうこともよう聞いてくれたようなところがありました。それは，市長自ら先頭に立ってやるし，そんなムードに全部なっていたからなんじゃないでしょうか。

　私らが現場でできる対策は，その解決が住民の肌で感じられるものを重点的にやっていこうと思っていました。粉塵やばい煙，騒音・振動，悪臭，水質と五感で感じるもの全てを綺麗にしようと腹に決めていました。

　個々の立ち入り検査では，こんなこともありました。先ほど言いましたように，1 班は 4 名だけども 1 人は運転手で，工場の中に一緒に入ればいいんですけれど，一日に何ヶ所も回らないといかんから，外で待っているわけです。私らが立入り調査を終えて工場から出てくると，運転手が奥さん連中に囲まれてるということがありました。"公害パトロールカー"と書いてある車で回っていましたから，問題のある工場に来ていると，被害を受けている住民が詰め寄ってくるわけですよね。実情を訴えるために押しかけてくるわけです。そういうのが何べんもありました。

西淀川区公害特別機動隊は班ごとに担当地域を振り分けて，それぞれの地域の工場をしらみつぶしに立ち入り調査し，その結果を記録しました。とくに大気関係の特定施設を保有している工場については，燃料使用料，燃料の種類，原材料，煙突の高さなど，解析班がシミュレーションに必要な情報を調査日報，月報として整理するわけです。これをもとに解析班が各工場の逓減率を出し，計画達成に必要な目標値を定めて，各社に協力要請を行ったわけです。けれども，私らが現場で困るのはね，例えば古河鉱業株式会社とか，そういうところは，もうすでにようけ汚染物質の軽減をさせている，一方で全く軽減努力をしてないところもあると，これまあ不公平じゃないかという問題が出てくるわけですね。すでに削減に取り組んできた工場にしてみれば，今のレベルからさらに50％カット，70％カットしなさいと言うても非常に難しい。そういう意味では，まず地域別の排出量を把握し，地域ごとの削減計画を策定し，その上で工場別に削減量を算定して計画書を作成させるという西淀川での対策のやり方は，現場としてもやりやすかったと。軽減努力をしていない工場だけでなく，既に削減に取り組んできた工場を指導する論拠にもなったわけです。工場と直接やりとりする現場ならではの悩みもありながら，取り組んでいきました（1970年6月の「西淀川区大気汚染緊急対策」で希求された，硫黄酸化物の「総量規制」の考え方は，まだ当時の法律には盛り込まれていなかった。国の制度として導入されたのは，1974年6月の大気汚染防止法の改正からであり，大阪市の取り組みは先進的なものであった）。

新たな公害防止技術などの模索

　個々の工場の指導もさることながら，西淀川の特徴として当時は最も苦情が多かったのが，鍛造工場でした。その頃，鍛造工場は37軒ほどあったんですが，騒音，振動，ばい煙に関する苦情の大きな発生源だったわけです。これは1軒ずつ指導するんでは非効率だということもあって，37

社でひとつの集団をつくってですね，研究会をつくって，いかにすれば振動を防止できるかっていう，集団指導という形をとりました。騒音振動の対策をして問題を解決したという事例を聞けば，所管外の地域にも視察に行きました。だけどね，振動ってなかなかなくならんわけですね。だからその住居地域に近い工場には，もう移転してもらわなしゃあないやろうということになりますから，土地の買い上げも，かなりやらせていただきました。

あとは化学工場のアンモニアなんかの臭気については，吸収装置をつくりましてね。これは簡単にできるんですけれども，一番しんどかったのは，塩化亜鉛なんかの粉塵でした。これは今までの集塵機では取れんと。そのころ，だんだん公害防止設備メーカーが出てきたわけですけれども，色々と試してみるというようなこともありました。当時の西淀川は，こうした公害防止装置の実験場でもあったといえます。

住宅地域にある金属製品工場の騒音が問題になった時，騒音は改善が難しいので姫島に移転したいと希望した工場があったんですが，西淀川区は住工混合地区が多いから，準工業地域であっても結構住宅があるわけです。その移転先の住民から大反対されて，夜間の住民の集会に説明に行ったこともありました。私は担当者で行ったんですけれども，会議の場で念を押されてね。会場からつめられたんです。私らは，騒音はこれ位の程度だったら改善できるというのが分かっていたからね，「必ず基準以下になります」と言ったんですが，「おまえ，そんな自信ありげなこと言って，保証できるのか」と言われましてね。そんなこといっちゃあヒンシュクをこうたこともありました。懐かしいですね。

1970年には，大阪府警本部でも公害問題へ対応する体制がつくられたのですが（公害事案の実態調査と事案の処理を保安第二課の分掌事務に追加），職員はまだ公害という現場に立ち会った経験もないし，わからん。だから西淀川区公害特別機動隊の方，いっぺん研修してくださいということになって，

西淀川に出張にこられたんです。まあ夜間とかですね，昼間もそうですけれども，苦情現場に行って測定や事業主に対する指導の立会いをしたことがあります。

騒音については，測定器を持っていけば数値としてどのくらいの程度のものか分かるんですけど，改善命令を出すというのはなかなか難しいんですよ。それは，本課のほうが，生活環境に支障がなければ命令を出せないと言うからです。支障があるってどういうことやと。どの程度の支障なら認められるのかと。そういう判断の難しさがありました。そこんとこ難しかったなあ。

姫島だったかな，殺人事件が起こってしまったことがありました。わたしら苦情を受けて行ったんですが，その日は土曜日か日曜日でした。普通だったら工場が休みの日なんだけど，工場主が，機械のスイッチを入れてまわしよったんですね。その工場の2階は住居になっていたんです。そこの住人が下へ降りてきて，日曜日だからうるさいということでスイッチを切って，工場主がたまたまレモンかなんか切るんでナイフを持っていたようで，スイッチを切った住人をぐさっと刺してしまって…。騒音というのは人を狂わすからね。なんていうのかな，騒音は神経をいらいらさせるというのでは，本当に気をつけなければあかんなという教訓ですわね。よっぽど気をつけないと。そういうようなことがありました。

環境改善に取り組んだ市の姿勢

西淀川区公害特別機動隊にはどんな意味があったんかいうことなんですけれども，ただ機動隊をつくっただけではだめだったと思うんですね。やっぱり市長が自らね，先頭に立ってやったということです。西淀川区公害特別機動隊というひとつの象徴をつくって，それを動かせる環境づくりをしたというのがほんまに意義深いことであって，組織と体制をつくっただけでね，これは単独でやれるようなものと違います。みんながその気にな

らんと。当時の大阪市は，行政組織の横の連絡もかなりとりあって，土木や河川に関わる部局も動いたという，かなり広い分野での対策をとっていたと言えるんじゃないかと思います。そやから，国や府にも要望を出していましたけれども，大阪市がやる気になって独自に動いているというのがあったから，聞いてくれたんだと思っています。中には楽観視して対策に力を入れなくても，燃料さえ転換すれば良くなると思っていた人もおったようですけど，やっぱりとにかく，その気になってみんながやってくれたということが，大きかったと思います。

　わたしらは西淀川区公害特別機動隊として指定された指定区域を解除させるための努力をしようというのが最大の目標ですから，一般地域並みの環境になれば公害被害者の健康回復もできるだろうと，それしか思っていなかったですね。一方では，これはわたしらのセクションじゃないですけれども，小学校に空気清浄機を置くという措置はやったようですけれども，わたしらは西淀川区公害特別機動隊としてはそういうのは一切やっていないですし。とにかく環境基準の目標達成というのが，すなわち健康回復ということだろうと思ってやっていました。

　最後に今の西淀川と昔の西淀川ということで，ひとつ印象に残っているエピソードがあります。西淀川区公害特別機動隊の時に，騒音の苦情で立ち入り調査をした工場主さんの話です。その工場主さんは私に，「あんたは戦時中を知っているか」と聞いてきたのです。どういうことかというたら，憲兵さんに取り巻かれてね，製品，まあ軍需製品だったと思うんですよね。早くつくれと，騒音をなんぼ出したってかまへんと。憲兵に小突かれてつくったような時代もあったんだと。ところがその後工場の周りに住民が住みだしたら，今度はうるさいと苦情を言われて，謝らなければならなくなった。こうやって，わたしら行政にいじめられっぱなしや。私らも被害者ですよと。こういう話をされたこともありました。こんな会話は今では聞かれないだろうと思います。

資料編

1　西淀川大気汚染公害訴訟の概要

（1）原　告
大阪市西淀川区に居住する，公害健康被害補償法による公害病認定患者
大阪地方裁判所へ提訴

訴訟名	提訴年月日	原告数（人）
1次訴訟	1978年4月20日	112
2次訴訟	1984年7月7日	470
3次訴訟	1985年5月5日	143
4次訴訟	1992年4月30日	1
合計		726

（2）被　告
① 企業10社

関西電力株式会社，大阪ガス株式会社，住友金属工業株式会社，株式会社神戸製鋼所，中山鋼業株式会社，旭硝子株式会社，日本硝子株式会社（1982年に会社更生法申請，1998年に山村硝子株式会社と合併し，現在は日本山村硝子株式会社），関西熱化学株式会社，古河鉱業株式会社（現・古河ケミカルズ株式会社），合同製鐵株式会社

② 国

国道2号および国道43号

③ 阪神高速道路公団（現・阪神高速道路株式会社）

大阪西宮線および大阪池田線

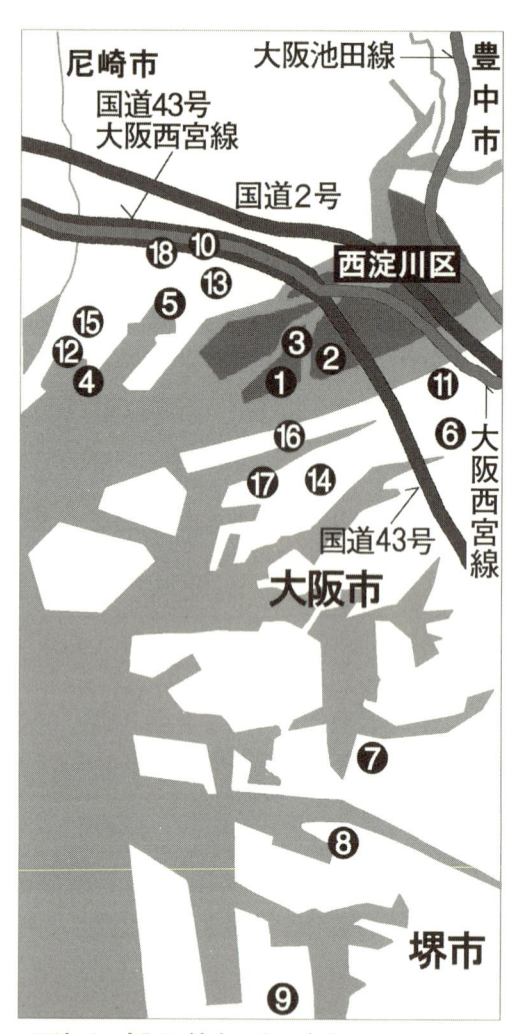

西淀川公害訴訟被告企業の事業所とその位置
【合同製鐵】①大阪製造所【古河機械金属】②大阪工場
【中山鋼業】③大阪製造所【関西電力】④尼崎第三発電所⑤尼崎東発電所⑥春日出発電所⑦大阪発電所⑧三宝発電所⑨堺港発電所【旭硝子】⑩関西工場⑪関西工場化学品部【関西熱化学】⑫尼崎工場【住友金属工業】⑬鋼管製造所⑭製鋼所【神戸製鋼所】⑮尼崎製鉄所【大阪ガス】⑯西島製造所⑰北港製造所【日本硝子】⑱尼崎工場

（3）請求内容

① 西淀川地域において，自動車が排出する二酸化窒素と浮遊粒子状物質を環境基準以下にするよう，排出差止を求める（西淀川公害訴訟提起時の二酸化窒素の環境基準は1日平均値0.02ppm）。

② 西淀川地域において，企業から排出される二酸化硫黄を環境基準以下にするよう，排出差止を求める。

③ 健康で快適な生活とは程遠い，汚れきった大気のもとで生活を余儀なくされたことによる生命・身体への深刻な被害のほか，日常生活上の多様な被害への損害賠償をおこなうこと。

（4）1次訴訟地裁判決（1991年3月29日）

① 企業の不法行為を認める。企業が連帯して損害賠償を支払うことを求める。差止請求は却下。

② 国・高速道路公団は責任を免れる。
   → 原告・被告ともに控訴（大阪高裁）

（5）企業和解（1995年3月2日）

① 企業は解決金39億9000万円を支払い，そのうち15億円を患者の環境保健，生活環境の改善，西淀川地域の再生などの実現に使用する。

② 企業は公害防止対策に努力する。

（6）2～4次訴訟地裁判決（1995年7月5日）

① 国・高速道路公団の不法行為を認める。1971年度から1977年度までの時期に，国道43号および阪神高速大阪池田線の沿道（道路端から50m以内）に居住していて，気管支ぜん息など，公害健康被害補償法による指定4疾病が発症しまたは増悪したと認められる患者に対して，損害賠償を支払うことを求める。

② 差止請求は道路沿道（道路端から150m内）に居住している原告らについては，当事者適格が認められる。ただし，請求は棄却。
　→　原告・被告ともに控訴（大阪高裁）

（7）財団法人公害地域再生センター（あおぞら財団）設立（1996年9月11日）
　日本が経験した公害の反省を踏まえ，市民の力を終結し，公害により疲弊した地域の再生を目指すとともに，公害のない世界の礎となる地域づくりを進める。公害地域の再生は，たんに自然環境面での再生・創造・保全にとどまらず，住民の健康の回復・増進，経済優先型の開発によって損なわれたコミュニティ機能の回復・育成，行政・企業・住民の信頼・協働関係（パートナーシップ）の再構築などによって実現される。公害経験を全国各地の地域づくりや草の根国際協力に役立てるための調査研究と交流，環境学習等の事業をおこなう（設立趣意書から要約）。

（8）国・道路公団和解（1998年7月25日）
① 沿道環境の改善
　国道2号，国道43号，阪神高速大阪池田線，阪神高速大阪西宮線の交通負荷の軽減を図るため，交差点改良，案内標識の設置等，道路管理者としてとりうる施策の実施につとめる。国道43号西淀川区佃地区の車線削減，バス停留所の休憩施設を整備，自転車道の整備，植樹帯の設置，低騒音舗装の敷設，橋脚の美装化などの景観整備につとめる。必要な調査を実施の上，関係機関と協力して沿道法を活用した街づくりの支援につとめる。
② 新しい施策への取り組み
　光触媒の塗布，浮遊粒子状物質を含む大気汚染などの状況把握につとめる。
③ 西淀川地区道路環境に関する連絡会を設置する。

（林美帆作成）

2　西淀川公害関連年表

年	全国のできごと	大阪・西淀川のできごと
1967	○　高度経済成長における重化学工業化によって大気汚染公害が全国各地に広がる 06/12　新潟水俣病裁判提訴（四大公害訴訟の始まり） 08/03　公害対策基本法公布・施行 09/01　四日市公害裁判提訴	09/　大阪市立西淀中学校が全国規模で行われた学校環境意識調査への参加 12/　西淀中学校にて公害調査に取り組む
1968	12/01　大気汚染防止法，騒音規制法施行	
1969	02/12　硫黄酸化物の環境基準が閣議決定 12/15　「公害に係る健康被害の救済に関する特別措置法」（以下，特別措置法）公布	04/　大阪市立大和田小学校，淀中学校が大阪府教育委員会および大阪市教育委員会の公害対策研究指定校になる 07/　「永大石油公害」事件が起こる。22日に大阪市衛生局が大和田交差点付近で測定したところ，亜硫酸ガス測定機の限度1 ppmに達する汚染を確認。11月4，5日に府，市，永大石油鉱業で亜硫酸ガスを測定。環境基準は工場敷地境界線で1.5ppmであるが，4日は最高値4.35ppm，5日は6.09ppmを記録 11/07　「永大石油の公害をなくす会」発足 11/24　西淀川区小学校保健主事会と大阪市小学校教育研究会西淀川

		支部保健研究部が中心となって，西淀川区内児童9266人を対象に「ぜん息様症状児童調査」を実施
1970	11/24　公害国会（第64回国会，臨時会）はじまる。公害関連15法案が成立	02/01　特別措置法で西淀川の公害患者の救済が始まる 02/01　大和田に新設の千北病院内に設置された「西淀川区医師会指定公害被害者検査センター」が業務を開始 04/　「西淀川生活と健康を守る会」結成 04/　大阪市立出来島小学校が公害対策研究指定校になる 07/27　大阪市，大気汚染緊急対策として，西淀川区公害特別機動隊を発足 08/　「永大石油の公害をなくす会」を発展解消し「西淀川から公害をなくす市民の会」発足
1971	06/30　イタイイタイ病裁判で被害者側の勝利判決 07/01　環境庁が発足 09/14　中央公害対策審議会（以下，中公審）が改組後，初の総会 09/29　新潟水俣病裁判で被害者側の勝利判決	02/17　「大阪から公害をなくす会」結成 03/11　大阪府，公害防止条例を公布 04/11　黒田了一氏が大阪府知事に当選
1972	01/07　「全国公害弁護団連絡会議」結成 07/24　四日市公害裁判で被害者側の勝利判決	07/　「全大阪消費者団体連絡会」発足 10/03　第1回公害デー，以降毎年開催 10/29　「西淀川公害患者と家族の会」（以下，患者会）発足 12/03　患者会，環境庁に「公害による損害賠償保障制度創設にあたっての請願書」提出

年		
1973	03/20 熊本水俣病裁判で被害者側の勝利判決 10/05 公害健康被害補償法（以下，補償法）公布 11/23 「全国公害患者の会連絡会」を結成 12/10 全国公害患者の会連絡会，環境庁に「公害健康被害補償法にもとづく政令制定にあたっての請願」提出	01/29 患者会，環境庁に「公害健康被害損害賠償補償制度創設にあたり，損害賠償負担制度専門委員会中間報告に対する請願書」提出 03/14 患者会，企業拠出による救済制度を求めて大阪市に交渉・座り込み 06/01 大阪市，企業拠出による「公害被害者救済制度」発足 06/26 大阪府，「大阪府環境管理計画（ビッグプラン）」策定 08/ 阪神高速道路公団，大阪西宮線の西淀川区間着工 09/10 「高速道路公害に反対する西淀川連絡会議準備会」結成，大阪西宮線建設中止要求運動 11/01 大阪市，「大気汚染防止基本計画（クリーンエアプラン'73）」策定 11/06 「高速道路公害に反対する西淀川連絡会」結成 11/07 患者会，関西電力と交渉，その後決裂
1974	06/01 大気汚染防止法の改正，硫黄酸化物総量規制の導入 08/20 補償法施行令が公布 09/01 補償法が施行	03/08 患者会，弁護士と会議。訴訟に向けての動きが始まる 03/15 患者会，関西電力との公開討論会 03/29 患者会，大阪市公害被害者救済制度の実施継続と内容改善の対市交渉 10/ 患者会，大阪製鋼（現・合同製鉄）と交渉
	05/26 千葉公害裁判（千葉あおぞら裁判）第1次提訴 05/26 全国公害患者の会連絡会，	06/01 公害病認定業務を担う西淀川区医師会立西淀川公害医療センター業務開始（補償法施行にあわ

1975	環境庁と国会に「公害健康被害補償法及び政令の改善等に関する請願」提出	せ，区医師会が姫島に設立。千北病院から検査センターの機能を移転） 07/30　大阪弁護士会公害対策委員会，「西淀川の公害実態調査報告書第1号」を発表 08/04　患者会，医療機関等と共同でサマーキャンプ実行委員会をつくり，公害患者児童対象のサマーキャンプ実施（5泊6日），以降1997年まで毎年開催 08/18　患者会，六価クロム公害問題について日本化学工業西淀川工場と交渉
1976	06/06　第1回全国公害被害者総行動デー，以降毎年開催 08/30　国道43号道路公害裁判提訴 12/21　全国公害患者の会連絡会，窒素酸化物の環境基準と補償法・施行令の改善を環境庁に請願	01/26　「大阪公害患者の会連絡会準備会」発足
1977	02/08　経済団体連合会（以下，経団連），「公害健康被害補償制度改正に関する意見」を政府と環境庁に提出 03/28　環境庁，「二酸化炭素の健康影響への判定条件の検討」を中公審に諮問 12/04　全国公害患者の会連絡会，環境庁に「窒素酸化物による汚染地の地域指定並びに公害地域指定解除に関する意見書」提出	04/03　「大阪公害患者の会連合会」結成大会 08/07　患者会臨時総会，裁判提訴の方針決める 12/11　大麦・アサガオによる大気汚染観測運動結果報告会
	04/17　千葉公害裁判第2次提訴 07/11　環境庁，二酸化窒素（NO_2）規制基準を大幅に緩和した新環境基準（日平均 0.04ppm～0.06ppm）	02/01　大阪市，市会議計画土木委員会で工業専用地域を3倍に拡大する用途地域変更計画を明らかに。西淀川区は40％が工業専用地域

1978	を告示 11/29 全国公害患者の会連絡会，環境庁にNO$_2$新基準撤回を要求	に指定される計画 02/24 「工業専用地域指定の再検討を求める区民連絡会議」結成集会 04/20 西淀川公害第1次訴訟提起（原告112人），大阪公害患者の会連合会第2回総会 05/23 第1回大阪府下一斉NO$_2$簡易測定運動 12/02 「明るく住みよい街づくりの西淀川区民会議」結成総会
1979	02/15 経済4団体が，自由民主党に指定地域解除を要望 06/09〜10 第1回日本環境会議 06/ 経団連，カラーパンフレット「公害健康被害補償制度を考える——大気汚染が改善されたなかで」を発行 11/09 環境庁，公害健康被害認定審査会全国会議に「6才以上のぜんそく性気管支炎患者は公害患者認定せず」の方針を提案，その後撤回	02/01 患者会福・姫島各支部で学習会を開催，以降，運動・裁判のための学習会が活発に開かれる 11/23 患者会，大阪駅前で指定地域解除反対全国一斉街頭宣伝行動
1980		09/11 患者会，「大阪市公害健康被害認定審査会によるぜん息性気管支炎児童を中心とした大量認定打ち切り第一次実態調査」を発表
1981	01/ 経団連，カラーパンフレット「青空が帰ってきたのに… 公害健康被害補償制度を考える」を発行 05/17 「全国公害患者の会連合会」結成大会 06/ 大気汚染防止法施行令一部改正，窒素酸化物を総量規制の指定ばい煙に追加，東京・神奈川・大	05/22 西淀川公害裁判証人尋問始まる 06/03 患者会，関西経済連合会に抗議・交渉

	阪で規制実施 06/10 広域臨海環境整備センター法公布 12/11 経団連，第2次臨時行政調査会（以下，臨調）に「環境行政の合理化に関する要望」を提出	
1982	03/18 川崎公害第1次訴訟提起 11/12 環境庁は，中公審に地域指定のあり方を全面的に見直すことを求める諮問 12/10 臨調第3部会，補償法見直しをもとめる部会報告をまとめる 12/20 全国公害患者の会連合会，臨調に補償法を見直さぬよう申し入れ	02/27 大阪府，NO$_2$環境目標値を2倍に緩和する「ステップ21」を公表 03/01 大阪湾広域臨海環境整備センター（以下，整備センター）設立 08/ 大阪湾広域処理場整備促進協議会設立 09/22 西淀川公害裁判，裁判官による被告企業の現場検証 12/04～07 患者会，大阪府知事室前で座り込みやハンストを行う
1983	02/ 経団連，カラーパンフレット「公害健康被害補償法を考える――大気汚染が改善されたなかで」を発行 03/14 臨調「第一種指定地域の地域指定及び解除の要件を明確にすべし」との答申 09/17 川崎公害第2次訴訟提起 11/09 倉敷公害第1次訴訟提起 11/12 環境庁は，中公審に補償法の地域指定見直しを諮問。全国公害患者の会連合会，抗議行動	01/10 患者会，公害指定地域解除（補償法廃止）問題で臨調に直訴，座り込み 03/04 公害患者の生きる希望と権利を守る大阪決起集会
1984	09/20 大気汚染指定地域解除阻止第一波中央行動	05/23～24 第2回大阪府下一斉NO$_2$カプセル測定 07/07 西淀川公害第2次訴訟提起（原告470名） 12/03 「大気汚染指定地域解除反対

年		
		大阪府民懇談会」結成 12/22　公害指定地域解除反対大阪駅頭大宣伝行動
1985	03/05　指定地域解除反対3月総行動 03/09　川崎公害第3次訴訟提起 10/28　指定地域解除反対10月総行動	05/05　西淀川公害第3次訴訟提起（原告143名） 05/16　整備センターが大阪府知事に環境影響評価準備書を提出 06/01　整備センターが西淀川区民センターでフェニックス計画に関する説明会を開催 07/25　整備センター総務課長が大阪基地着工に関する覚書を患者会に提出 08/09　「フェニックス中島基地設置反対西淀川連絡会」結成総会 09/05　「フェニックス計画による中島基地設置反対西淀川区民大会」開催 09/27　川北小学校でフェニックス計画に反対する中島地区住民大会開催 12/17　大阪湾圏域広域処理広域処理場基本計画認可
1986	10/01～06　指定地域解除反対の中央行動 10/30　中公審は臨時総会を開き「41指定地域を全面解除，新規認定せず」との答申 11/07　倉敷公害第2次訴訟提起 12/20　内閣総理大臣，公害指定地域解除について関係自治体に意見聴取	02/24　患者会，中公審と通産省へ抗議行動 10/01　患者会，中公審答申にむけた「公害指定地域解除に反対する緊急総決起行動」に参加，環境庁玄関で座り込み 10/29　患者会が厚生省生活衛生局地域計画室室長に「フェニックス計画に関する陳情書」を提出
	02/13　補償法改定法案国会に上程 08/27　衆議院本会議で補償法改定法案が可決	12/18　西淀川公害第2次訴訟第1回公判

1987	09/18 補償法改定法案が参議院環境特別委員会で可決,本会議でも可決成立 11/ 整備センター,初の埋立処分場となる尼崎沖埋立処分場工事を着工	
1988	03/01 改定補償法施行,公害指定地域解除 10/07 「地球環境と大気汚染を考える全国市民会議」(以下,CASA)発足 11/07 倉敷公害第3次訴訟提起 11/17 千葉公害裁判で被害者側の勝利判決 12/04 川崎公害第4次訴訟提起 12/26 尼崎公害裁判第1次提訴	03/15 西淀川公害裁判勝利をめざす区民大集会 03/18 早期結審,完全勝利をめざす3.18府民大集会 05/20 患者会,西淀川公害裁判早期結審要求裁判所前宣伝と申し入れ行動開始 11/10 「大気汚染公害をなくし被害者の早期・完全救済をめざす大阪府民連絡会」結成総会 11/16 西淀川簡易裁判所で本人尋問始まる
1989	03/31 名古屋南部公害裁判第1次提訴 09/07(京都)〜08(大阪) 地球環境と大気汚染を考える国際市民シンポジウム開催(主催:CASA,レイチェルカーソン日本協会,全国公害患者の会連合会,地球の友)	01/17 患者会,「公害地域の再指定を要求し,裁判の早期結審・公正判決を求める」100万人署名運動開始 03/15 西淀川公害裁判早期結審・完全勝利をめざす3・15区民大集会 04/08 患者会,100万人署名1次分を裁判所に提出 08/03 患者会,大阪府下 NO_2 簡易測定結果をまとめた「1989年度 NO_2 測定濃度分布図」を作成 12/16 西淀川街づくりシンポジウム開催
	01/ 整備センター,尼崎沖埋立処分場供用開始 10/08 名古屋南部公害裁判第2次	01/31 西淀川公害裁判最終準備書面を提出,1・31結審総行動 09/08 患者会,「共感ひろば」開

1990	提訴	始,'91年2月まで12ヵ所で開催,42万人の署名集める 11/28 患者会,裁判所に公正判決を求める署名を提出,被告企業に申し入れ開始 12/20 西淀川裁判判決行動懇談会結成
1991	12/07〜08 第1回アジア・太平洋NGO環境会議(バンコク) 12/17 パリNGO会議に全国公害患者の会連合会より代表が参加	03/21 「手渡そう川と島とみどりのまち(西淀川地域再生プラン)Part 1」発表 03/28 患者会,裁判所に71万8000人分の署名を提出 03/29 西淀川公害第1次訴訟判決(企業の公害責任を認め,損害賠償を命じる)。なのはな行動として,裁判所前での集会,行進,被告への要請行動,報告集会を6000人規模で実施 04/02 被告側が大阪高裁に控訴 07/08 患者会,被告企業との全面解決に向け交渉開始 10/18 西淀川公害裁判の早期全面解決を求める府民総行動
1992	03/30 「あおぞらデー in 東京・国際シンポジウム」開催 06/03 「自動車から排出される窒素酸化物の特定地域における総量の削減等に関する特別措置法」(自動車NOx法)公布 06/03〜14 「環境と開発に関する国連会議(UNCED)」がブラジル・リオデジャネイロで開催。全国公害患者の会連合会からも参加 08/10 千葉公害裁判,東京高裁で和解成立	01/16 患者会,被告企業に全面解決を申し入れ 01/22 整備センター,中島基地操業開始 03/28 「あおぞらデー in 西淀川」開催 03/30 患者会,関西電力へ抗議行動,「子供たちに青い空 in 大阪」開催 04/30 西淀川公害第4次訴訟提起(原告1名) 04/27 1次訴訟控訴審第1回公判

1993	11/12 環境基本法成立	04/16 患者会，関西電力支店・営業所前で早朝ビラ配布と要請行動，本社前で座り込み（はるかぜ行動） 06/29 患者会，関西電力株主総会で訴え 08/27 大阪府公害対策審議会，環境保全条例で公害患者ら関係8団体から意見聴取 12/07 患者会，関西電力との3年ぶりに交渉（こがらし行動）
1994	01/25 川崎公害第1次訴訟判決，企業責任を認める 03/23 倉敷公害裁判で被害者側の勝利判決 11/20 アジア太平洋被害者国際交流集会	01/31 患者会，住友金属・神戸製鋼に早期全面解決申し入れ 04/15 患者会，関西電力大株主に早期解決要請交渉（さくら行動） 06/29 患者会，関西電力株主総会行動 07/21 西淀川公害2〜4次訴訟結審（患者会，パラソル行動） 10/27 患者会，関西電力支店本店近畿一円行動 11/24 患者会，関西電力大株主への一斉申し入れ 12/14 西淀川公害訴訟弁護団・原告団，全国一斉電力会社申入れ行動
	01/17 阪神・淡路大震災 01/ 整備センターが阪神・淡路大震災の災害廃棄物を受入 07/07 国道43号裁判最高裁判決 12/04 尼崎公害裁判第2次提訴	02/06 患者会，関西電力に緊急署名提出行動（全面解決を求める署名43万2000人） 03/02 西淀川公害裁判で，被告企業との和解が成立 03/15 患者会，建設省近畿地方建設局と交渉 05/23 弁護団，建設省と交渉 05/25 弁護団，阪神高速道路公団

1995		と交渉
		07/05　西淀川公害2～4次訴訟判決（国・公団に賠償を命じる）。あじさい行動として，裁判所前での集会，行進，被告への要請行動，報告集会を1500人規模で実施
		08/02　被告国・公団が2～4次訴訟で控訴
		11/01～14　患者会，患者の健康回復をめざした転地療養。以降毎年開催
1996	05/31　東京大気汚染裁判第1次提訴	02/07　公害地域再生センター設立準備会事務所開設
	12/25　川崎公害裁判で被告企業と和解	08/06　患者会，関西電力への和解後初の立ち入り調査・交渉
	12/26　倉敷公害裁判で被告企業と和解	09/11　環境庁，公害地域再生センター（あおぞら財団）の設立認可
		10/08　患者会，合同製鉄へ立ち入り調査・交渉
		10/26　患者会，患者会第26回定期総会で道路政策シンポ開催
1997	06/03　東京大気汚染裁判第2次提訴	01/31　原告団・弁護団，「道路公害をなくす緊急提言案」を示し，大阪市と交渉
	06/09　環境影響評価法成立	02/02　西淀川道路環境再生プランをまとめるために，あおぞら財団が患者会から委託を受け道路政策提言研究会を設置
	12/01　京都で気候変動枠組条約第3回締約国会議（COP3）始まる	
	12/07　COP3にあわせ京都で約2万人の市民が集会やパレード	04/14　患者会，区内幹線道路の公害防止策について，建設省近畿地方建設局と交渉
	12/09　名古屋南部公害裁判第3次提訴	07/11　環境庁大気保全局長が西淀川視察
		07/24　患者会，阪神高速道路公団と交渉。高速道路沿道に計34ヵ

		所の環境監視局の設置と記録の公表について合意
1998	08/05　川崎公害第2〜4次訴訟,地裁で被害者側の勝利判決 08/18　川崎公害裁判,国が控訴 10/16　東京大気汚染裁判第3次提訴 11/27　アジア太平洋NGO環境会議	01/14　控訴審の裁判官による西淀川現地検証 01/28　合同製鉄高炉を保存する西淀川連絡会 03/13　控訴審証人尋問始まる（〜06/05） 03/17　患者会,裁判早期解決について,阪神高速道路公団と交渉 05/29　患者会,建設省近畿地方建設局と交渉 06/19　患者会,建設省と交渉 07/05　西淀川公害第2〜4次訴訟判決 07/29　西淀川公害裁判で,被告国・阪神高速道路公団と和解成立 10/12　患者会,国・阪神高速道路公団と初の「西淀川地区道路沿道環境に関する連絡会（西淀川道路連絡会）」
1999	02/17　尼崎公害裁判,被告企業と和解 05/20　川崎公害裁判で被告国・道路公団と和解	02/16　患者会とあおぞら財団,第1回園芸療法「福の庭」 02/19　患者会,建設省に歌島橋交差点歩道撤去反対の申入れ
2000	01/31　尼崎公害裁判,被告国・道路公団に対し被害者側の勝利判決 03/14　財団法人水島地域環境再生財団（みずしま財団）設立 06/08　全国公害患者の会連合会,環境庁長官に補償費引き上げ要求書を提出 11/16　東京大気汚染裁判第4次提訴 11/27　名古屋公害裁判,被害者側	03/　大阪沖埋立処分場の基本計画認可 07/19　環境庁長官,あおぞら財団訪問,患者面接・現地視察 09/26　区役所建替え,歌島橋交差点問題に関する「街づくり懇談会」

	の勝利判決 12/08 尼崎公害裁判で，被告国・道路公団と和解	
2001	01/06 環境庁，環境省へ改組 06/ 自動車NOx・PM法成立 08/08 名古屋南部公害裁判，和解	01/21 患者会，区内小学校で語り部活動，以降各所で行う 04/26 「歌島橋交差点と区役所建て替えを考える第1回総会」開催 10/ 大阪埋立処分場工事着工
2002	10/29 東京大気第1次訴訟，地裁判決（11/08 国が控訴，11/12 原告が控訴）	01/22～02/17 大阪人権博物館（リバティ大阪）で企画展「西淀川公害と地域の再生」開催 12/06 患者会，「大阪府NOx削減計画協議会幹事会」で意見発表
2003	05/20 東京大気汚染裁判第5次提訴	10/20 あおぞら財団，「公害病認定患者の生活実態に関するアンケート調査——西淀川公害患者と家族の会会員の生活実態と課題」結果報告書を発表
2004		07/22 まちづくりを考える会，歌島橋交差点問題で大阪国道事務所と交渉
2005		02/22 患者会，「大阪市小児ぜん息等医療費助成制度」の見直しに抗議 04/ あおぞら財団，中小運送事業者へのデジタルタコグラフの組織的導入によるエコドライブ推進事業（NEDO助成事業）開始。2006年には地球温暖化環境大臣賞を受賞 12/04 大阪人権博物館（リバティおおさか）リニューアル，西淀川公害についての常設展示開始
	02/16 東京大気汚染裁判第6次提	03/18 あおぞら財団付属「西淀

年		
2006	訴 09/28　東京大気第1次訴訟，高裁控訴審結審	川・公害と環境資料館（エコミューズ）」開館 10/01　デイサービスセンター「あおぞら苑」開所
2007	08/08　東京大気汚染裁判，和解	04/24　あおぞら財団が朝日新聞社「明日への環境賞」受賞 09/18　あおぞら財団，環境省国連ESDの10年促進事業モデル地域に
2008	02/　全国公害患者の会連合会，環境大臣に補償法の存続要望書を提出	
2009	03/29　シンポジウム「新たな大気汚染公害被害者救済制度をめざして」（日本環境会議・大気汚染被害者救済制度検討会，全国公害弁護団連絡会議主催） 09/09　微小粒子状物質($PM_{2.5}$)環境基準が定められる	10/01　大阪沖埋立処分場開業
2010		05/24〜06/03　上海万博日本館にて西淀川公害パネル展示
2011	03/11　東日本大震災発生 05/27　環境省，「局地的大気汚染の健康影響に関する疫学調査—そら（SORA）プロジェクト—」の結果発表	07/01　あおぞら財団，公益財団法人に移行

（注）　「06/12」等は月・日，「09/」等は月のみをしめす。
（出所）　環境再生保全機構「記録で見る大気汚染と裁判／大阪・西淀川／年表」(http://nihon-taikiosen.erca.go.jp/taiki/nisiyodogawa/history.html) をもとに，本書と関連する事項を補足するなどして作成。

監修者あとがき

公害と闘い環境再生・街づくりの夢を

宮本憲一

　戦後の公害対策は四日市と大阪西淀川から始まったといってよいかもしれない。すでに1950年代には公害は全国に広がっていたが，科学的な調査や研究が始まるのは，60年代の半ば，庄司光と私の『恐るべき公害』（1964年，岩波新書）前後からである。厚生省「公害関係資料」（1963年7月）は「従来のデータでは大気汚染と健康障害との間には相関関係は証明されているが，因果関係の証明は極めて乏しい」として行政の規制をしなかった。しかしこの時期に沢山の公害病患者が出ているので，科学的な因果関係の証明が必要となり，1964年から近畿地方大気汚染調査連絡会が『ばい煙等影響調査』を5か年計画で始めた。この調査で最も深刻な汚染地区が西淀川であった。また四日市を調査した黒川調査団の調査報告がだされ，それに基づいて厚生省は四日市と大阪西淀川のばい煙調査を1964年に始めた。それらの結果，SOxと気管支ぜんそくなどの呼吸器疾患の間に疫学的な因果関係が明らかとなった。大阪市大経済学部公害問題研究会は大阪市の委嘱を受けて，1965年から3年かけて調査をし『公害による経済被害調査結果報告書』を発表した。その結果，大気汚染による家計の負担が大きいことが判明したが，最大の負担を強いられているのは西淀川区民であった。これらの研究結果からようやく工場のばい煙特にSOxと呼吸器系疾患との因果関係が明らかとなり，公害対策を取らざるを得なくなった。公害反対の世論に押されて，政府は1967年公害対策基本法の

制定をした。この時期の重要な初期の研究調査では，すべて，大阪西淀川と四日市が高度汚染の典型地区として選ばれ，その深刻な状況が大気汚染対策を生む原因であった。

しかしこの両地区の社会的状況は全く異なっていた。四日市では汚染原因のコンビナートは，住居や学校の隣に戦後進出し，ばい煙や悪臭は目にみえ，鼻を刺激し，だれもがコンビナートが元凶であるとわかる状況であった。西淀川も足元に中小企業の工場があったが，主たる汚染源は隣の尼崎，此花地区以南の大阪湾一帯の工場地帯の関電・旭硝子・新日鉄など大企業であり，それに自動車排ガス汚染が加わるという広域公害であった。先述の調査で西淀川は日本一の汚染地区であることは明らかであったが，長年の「馴れ」で住民はそれを自覚せず反対の世論は起きず，また公害教育の必要も自覚せず，それが四日市とは違っていた。この第1，3章で西淀川公害の特徴と裁判の過程が具体的に示されている。

それだけに立ち上がりが四日市に比べておくれたのだが，西淀川公害患者と家族の会ができると会長の浜田耕介さんが教師出身であったこともあって，患者が人権意識を持って公害を自ら告発できるまでに学習会を重ねた。そして被害者が立ち上がって以後の運動は，目覚ましいものがあった。私はかねがね西淀川の患者会の運動は日本一強く，質が高いと評価してきた。それは裁判闘争の準備に時間をかけたことにある。安易に提訴すると弁護士に全権を委任することになるので，患者が主人公で自分たちが法廷闘争をするのだという自覚を持たせるまで，念入りに公害裁判についての学習を重ねたのである。これは学習会に参加した私が感心したことである。

この本にあるように裁判は長くかかった。日本一汚染している地域なので，もっと早く勝訴してもよかったと思わないでもないが，大阪湾の主要な汚染源を相手にしたこともあって，立証の規模が大きく，論戦も高度であったためである。この長い裁判の間，患者組織は団結を維持しただけでなく，公健法の改悪に反対して，全国の公害患者の運動を組織したのであ

監修者あとがき

る。これは市民の政治家といってよい森脇君雄さんの卓越した指導力による。

　この患者組織は裁判闘争だけでなく，環境の改善の闘争をした。第4章にあるフェニックス反対がそれである。私はこの時期にゼミを中心に調査に入っていたのだが，大阪市などのフェニックスの事業者と患者会の交渉に参加した。少しは助っ人になれるのではないかと思ったのだが，私や大学院生が口をはさむ余地がないほど圧倒的におばさんたちの告発がさえていて，事業者がおどおどする状況であった。このような公共活動は他の裁判の原告にはあまりない状況であった。

　西淀川の患者を支えたもっとも大きな力は第2章にある那須医師を中心とした西淀川区医師会の力である。当時東京都の医師会は公害病に否定的な態度であったときに，開業医を中心とした医師が公害患者の救済に全力を尽くしたことは重要な教訓である。そして長い公害裁判の最終局面では，消費者団体の力や市民運動の支えがあったことは第5章に書かれてある。私はCASAができる前に消費者団体のリーダーであった故下垣内博さんに呼ばれて，公害問題に対して消費者団体がどのように取り組めばよいかの相談を受けた。CASAが誕生し生協の組合員が裁判のみならず，環境問題に取り組むことになったことで，西淀川の運動は大きな市民運動になった。

　第1章で紹介されたように，私は研究の初めから公害対策は被害を明らかにして原因者に責任を取らせて，被害を救済するとともに，最終の課題は地域の再生であるとかんがえ，それを主張してきた。患者会の先見によって，あおぞら財団ができて，環境再生の取り組みが始まり，全国に影響を与えていることは素晴らしいことである。北欧やドイツならばこれほど被害者や市民が取り組みを始めれば，自治体が全面協力に乗り出すはずである。しかし大阪府・市は長年行政への住民参加ができず，さらに今は大阪市解体という混乱の中にあって，展望を失っている。残念なことである。

しかし希望を捨てず,かつて「大阪をあんじょうする会」が提唱した大阪を水都として再生する夢をこの財団に託したいのである。

夢追い人生～トンボが飛びかう西淀川を！

森脇君雄

　これまで西淀川公害患者と家族の会では,『西淀川公害を語る』や『手渡したいのは青い空』,『青い空の記憶』といった手記類を出版してきたが,当事者が語るだけでは「なぜ,西淀川で公害反対運動が活発に行われたのか」「この地域がどんな地域か」を説明することは難しかった。今回,第3者の視点から評価されたことで,その部分を説明できたのではないかと感じている。

　普段気づくことのないありがたさは,他所に行って初めて実感することがある。その点で,西淀川という地域は私にとっては「空気」のような存在だと思っている。住みやすいし,情が深い。隣の家の様子も分かってしまうほど,1人ひとりが信頼感を持ち,距離が近い。職住近接で,生活のしやすい街といえよう。

　西淀川の地域は,本気で向き合うと,こちらの気持ちに答えてくれる人が多かった。これは,他の地域との違うところであった。医師会や教職員組合,市職労をはじめとした集団だけではなく,町の人たちもそういうところがあった。私自身が,患者会運動だけでなく,学校のPTAや振興町会の会長,淀川の水防議員,病院や保育所をつくる運動に関わっており,多くの人との接点があったことから,運動を広げることができたが,なんといっても,西淀川住民の人柄に助けられたことが多かった。

　西淀川が汚され,日本の中で被害者が一番多く,公害による死者も多い街になってしまった。裁判を提訴した当初は,公害の原因を明らかにした

監修者あとがき

い，賠償をさせたい思いが強かった。しかし，裁判を続ける中で，工場が撤退し，地域が虫食いのようになってゆく姿を見て，地域をきれいに住みやすい街に再生したいと思うようになっていった。この心境の変化には，いくつかの要因があったと思う。

1つ目は，宮本憲一先生が運動にずっと寄り添って下さったことである。宮本先生の地域再生の教えを常に聞いている中で，身となり，実践することを支えてくれた。法律的には裁判で勝てばいいかもしれない。しかし，その後もその地で住み続けるのは私たち住民である。だからこそ，地域再生を実現したかった。

2つ目は患者がよく勉強したという点だ。患者は浜田耕助さんを先頭として，裁判前，裁判中と本当によく学習をした。浜田さんがいっていた「1に学習，2に団結，3に行動，4に勝利」をあらわすように，勉強会を重ねて患者1人ひとりが公害や裁判を理解していた。その学習が運動を支え，今日の語り部活動にもつながっているのだと思う。

3つ目は，署名である。患者はそれぞれの地域，それぞれの職場，全国の人々に署名をお願いして，支援の輪を広げていったのであるが，「お金が欲しいわけではない。孫や子に青い空を手渡したい。」と訴えているなかで，患者自身が「住みよい西淀川」という課題を理解したという点もあったように思う。

「まちづくり」を掲げることができたのは，何といっても多くの人が裁判に共感して，運動に協力してくれたからに他ならない。協力がなければ再生プランを描く事ができなかった。運が良かったこともあるだろう。しかし，何といっても患者が自分の言葉で語り，協力を求めて行動するがんばりがあったから共感が広がり，多くの人たちとの共闘が進んだのであろう。

あおぞら財団を設立してから16年たったが，作って本当に良かったとしみじみ思う。まちづくりや教育に関して，患者会ができないことが多い。

財団の活動は，企業や行政などいろいろな主体と協働する場となっている。多くの先生方や弁護士，学生や地域の人たちが集まっていつも楽しそうである。あおぞら財団があるから，公害を後世に伝えていける。高齢患者の集う場として作ったデイサービスセンターあおぞら苑も，地域の人々が利用してくれたおかげで，運営は軌道に乗り，2号店を出店するまで成長している。

裁判に関する悔いは，大阪市を被告にしなかったことだ。責任を明らかにすることで，次にやるべきことが明らかになり，あおぞら財団と協働できただろう。争わなければ理解し合えないということを骨身にしみて感じている。

何もわからない中でまいたまちづくりの種が，多くの人々の協力で育ってきている。この木はまだまだ育つ。地域再生の夢はまだ続いている。

地域再生に向けた公害被害地からの発信

小田康徳

ここに除本理史さんと林美帆さん編著で現代社会にシャープに問題提起する一冊の書物ができた。長い年月，西淀川公害に関心を寄せてきた人間として大変うれしい。

さて，みなさんよくご存じのように，大阪市西淀川区は隣接する兵庫県尼崎市や大阪市此花区・大正区などとともに阪神工業地帯の中心地域として戦後日本の復興期から高度経済成長期にかけて日本有数の工業地域となった。その結果，当然のことであるが，ここには古くからこの地に住んでいた人々だけでなく，この間日本の各地から多くの人々が移り住んで仕事に就き，ここで暮しを築くようになった。さらに，こうした日本人だけではなく在日韓国・朝鮮の方たちもたくさん移り住んで来た。こうしてこの

地に住むようになった住民たちは，互いにさまざまな関係において交流しはじめる。もちろん，土地や資本を持ち工場を経営する人もいれば，そこに雇われ働く人もたくさんいた。学校で生徒を受け持ち授業をする先生方もいた。商店や市場で住民の求める日用品を供給する人もいれば，病気に対応する医者や看護師たちもいた。彼らはみんな一生懸命生き，そしてこの地域を支えてきたのである。

このような土地が激しい公害に悩まされることとなったのである。この地域が工業地域化する昭和戦前期から戦後復興期，そして高度経済成長期にかけて大気汚染・水質汚染・悪臭・振動・騒音，あるいは地盤沈下や土壌汚染といったさまざまな環境破壊に悩まされた。たくさんの人々がぜんそくなど気管支系の疾患に苦しみ，騒音や振動被害を訴え，台風時には地盤沈下に伴う激烈な水害を体験した。

1978年，阪神工業地帯の主要な10社と国および阪神高速道路公団を相手に多くの住民たちが大気汚染の差し止めを求めて裁判を起こしたのは，実に一大決心のたまものであったと思う。住民たちがこうした企業や国・公団などを問題にする，言いかえると隣近所ではなく，それよりももっと大きく上から地域を規定する大きな存在を問題にしたということは，彼らの地域に対する意識の大きな転換を物語っていた。いまある公害地域再生センター（あおぞら財団）の設立は，裁判に勝ったという結果には違いないが，そうした大きな課題を追求する組織を求めた大きな意識は裁判を提起したときから住民の心のうちに存在していたと言っていいだろう。もちろん，そこに弁護士さんや裁判に協力した多くの学者の熱心な勧めも大きな役割を果たしたことは間違いない。この両者のコラボレーションこそ見ておくべきところである。弁護士としてこの裁判に協力した井上善雄さんは，西淀川区の住民について，「西淀川住民なんてしたたか者が多いと思っていた。自分も含めてそうやから。貧しい中でどう生きていくか，人生の中でそういう苦労をしているんですよ。そういう意味でしたたかと言ってい

いと思っています」と述べている。この住民の「したたかさ」を当時の弁護士や裁判に協力した学者たちはどう見ていたのか。それを，地域を規定している大きな存在との関係でみる視点にまでどうやって伸ばしていったのか。あるいはその助勢をどうやって行っていったのか。大変興味を惹かれるところでもある。

　ともあれ，地域再生とは地域の住民と共鳴し合うことなくしては絵に描いた餅となり終えるか，あるいは，富と権力を持つ人々による一方的な地域破壊に道をつけてやることになる恐れを多分に有している。西淀川区にはいまや公害の歴史を知らない新しい住民が次々と移り住むようになっている。この人々に公害の実態，およびそれと闘った経験を伝え，その経験から生み出される大きな視点に立った真の公害地域の再生を真剣に語りあわねばならない。今はまさにそうしたときであると思う。公害とは，四大公害だけではなく，常に身近に存在する問題であることを，今後の地域再生にどう生かすか問われているのである。この本が，そうした活動にとって大きな導きとなれば，実にうれしいことである。

人名索引

あ 行

秋元実　70
天野憲一郎　89
荒木芳太郎　67
井関和彦　182
小川和治　87
尾崎孝三郎　116
小田康徳　ii, 175

か 行

傘木宏夫　16
梶本利一　116
加藤邦興　185
喜多幡龍次郎　112
沓脱タケ子　48
黒田勝彦　123
黒田了一　178
小山仁示　183

さ 行

島川勝　180
清水忠彦　70
清水誠　11
下垣内博　149
関田政雄　101

た 行

高田研　94
高田昇　15
辰巳春江　155
田中千代恵　55
谷智忠子　167
辻幸二郎　90

な 行

永野猛則　98
永野千代子　98
中村剛治郎　105
那須力　50
西口勲　88
西村仁志　96

は 行

長谷川公一　24
浜田耕輔　87
早川光俊　137, 183
東中光雄　176
一松定吉　176
藤岡貞彦　90
藤永延代　154
堀川和雄　71-73, 80

ま 行

真鍋正　182
三島里枝　88
峯田勝次　183
宮本憲一　i, 11, 124
森脇君雄　ii, 16, 55, 179, 198

や 行

山岸公夫　97, 188
山本武雄　77
吉井英勝　116

わ 行

若月俊一　36

事項索引

あ行

あおぞら財団→公害地域再生センター
アメニティ　　9, 11, 13, 16
イタイイタイ病　　5, 95-97, 176, 215
医師会　　39, 41-45
医療の社会化　　31-33, 37-49, 56
医療保険制度　　33, 39, 40, 42, 43
医療崩壊　　57
大阪から公害をなくす会　　116, 153
大阪公害患者の会連合会　　141
大阪市環境影響評価専門委員会　　119
大阪市教育委員会　　66, 71-74
大阪市教育研究所　　71, 80
大阪市小学校教育研究会西淀川支部保健研究部　　70, 71
大阪市立大和田小学校　　66, 71, 74-77, 80
大阪市立出来島小学校　　66, 70-72, 74, 77-80, 87, 98
大阪市立西淀中学校　　66-70, 175
大阪市立淀中学校　　74, 87
大阪しろきた市民生活協同組合　　153
大阪都市環境会議（大阪をあんじょうする会）　　13-16, 24, 25, 158
大阪の川と池と海を守る会　　116
大阪府教育委員会　　66, 71, 74
大阪よどがわ市民生活協同組合　　155
大阪湾広域処理場整備促進協議会　　108
大阪湾広域臨海環境整備センター　　22, 105
大野川緑陰道路　　112

か行

川北連合振興町会　　116, 117, 120
環境再生　　i-iii, 3, 5-7, 9-13, 16, 24, 124
環境再生のまちづくり　　i, ii, 1, 3, 8-10, 16, 18, 22-25, 31, 67, 99, 105, 106, 124, 126, 131, 157, 158
環境政策　　5
公害健康被害補償法　　49, 119, 132
公害地域再生センター（あおぞら財団）　　i, 9, 66, 89, 93, 97, 99, 209, 210, 214
「公害地域の再指定を要求し、裁判の早期結審・公正判決を求める」100万人署名　　145
公害に係る健康被害の救済に関する特別措置法　　49, 227
公害被害者検査センター　　54
公害病患者　　48, 53-56
工業専用地域指定反対運動　　18, 56, 99, 106, 114, 118
公衆衛生　　34, 35
国民皆保険　　36, 40, 43, 44
国民健康保険　　34, 36

さ行

サステイナブル・シティ（維持可能な都市）　　i
市民運動　　i, 13, 16, 24, 25, 137, 158
社会資本　　4, 6
社会的共通資本　　33
住民運動　　16, 24, 25, 81, 82, 84, 87, 92, 94, 98, 99
生活と健康を守る会　　46
生活の質　　5
瀬戸内海環境保全特別措置法　　110
全大阪消費者団体連絡会　　137
全国公害患者の会連合会　　133
全人的医療　　35, 40, 57
千北病院　　54, 55, 166

た行

大気汚染公害をなくし、被害者の早期・完全救

済をめざす大阪府民連絡会　135, 136
地域医療　31-35, 37, 38, 40, 47, 49, 51, 53, 54, 57, 58
地域生協　24, 132, 137, 138, 141, 146-148, 152, 154, 156, 157
地球環境と大気汚染を考える国際市民シンポジウム　145
地球環境と大気汚染を考える全国市民会議（CASA）　131, 136, 138, 140-146, 148
都市再生　3, 5
都市政策　3, 5, 24, 25, 131
都市問題　6, 84, 86, 98

な 行

中島（大阪市西淀川区）　106, 109, 112, 116, 118, 120, 125
中島基地設置反対西淀川連絡会　22, 116
中之島（大阪市北区）　14-16, 23
なのはな行動　155
西淀川区医師会　19, 44, 49, 51, 53, 114
西淀川区公害特別機動隊　53, 217, 220, 227-234
西淀川区小学校保健主事会　70, 73
西淀川区民の海岸造り推進会議　112
西淀川公害患者と家族の会　i, 7, 56, 65, 86, 105, 131
西淀川公害裁判支援区民連絡会　135
西淀川公害裁判早期結審，完全勝利をめざす3.18府民大集会　23, 135
西淀川再生プラン　9, 14, 16, 24, 126, 158
西淀川裁判判決行動懇談会　137

西淀病院　45
日本医師会　34, 40, 43

は 行

廃棄物問題　5, 105, 126
被害者運動　i, ii, 25, 31, 48, 98, 131, 158
被害の可視化　47-49, 57
フェニックス計画　22, 107, 112, 114, 116, 117, 119, 123, 125, 126
フェニックス事業　105, 106, 117, 121-124
保険医協会　43-45, 49
保険医総辞退　44
ポスト工業化　3-6, 24, 25, 125

ま 行

水俣病　12, 90, 95, 97, 215
無産者診療所　39, 41, 42, 45

や 行

四日市（三重県）　iii, 8, 12, 16-18, 71, 79, 84, 90, 91, 176-179, 205
淀川勤労者厚生協会　45

ら 行

ラベンナ（イタリア）　12, 13
臨海部　ii, 37, 105, 124, 218

アルファベット

CASA →地球環境と大気汚染を考える全国市民会議
NO_2 簡易測定運動　152, 153

（注）　人名・事項索引とも，はしがきから第Ⅱ部までの掲載頁を示している（目次を除く）。

〈執筆者紹介〉（執筆順，＊は編者）

＊除本理史（よけもと・まさふみ）

　1971年　神奈川県生まれ。
　　　　　一橋大学大学院経済学研究科博士課程単位取得。
　　　　　一橋大学博士（経済学）。
　現　在　大阪市立大学　大学院経営学研究科准教授。
　主　著　『環境被害の責任と費用負担』（有斐閣，2007年）。
　　　　　『環境の政治経済学』（共著，ミネルヴァ書房，2010年）。
　　　　　『原発賠償を問う』（岩波ブックレット，2013年）。

尾崎寛直（おざき・ひろなお）

　1975年　長崎県生まれ。
　　　　　東京大学大学院総合文化研究科（国際社会科学専攻）博士課程単位取得退学。
　　　　　修士（学術）。
　現　在　東京経済大学経済学部准教授。
　主　著　『地域と環境政策』（共著，勁草書房，2006年）。
　　　　　『環境再生のまちづくり』（共著，ミネルヴァ書房，2008年）。

＊林　美帆（はやし・みほ）

　1975年　大阪府生まれ。
　　　　　奈良女子大学大学院人間文化研究科博士後期課程修了。
　　　　　博士（文学）奈良女子大学。
　現　在　公益財団法人公害地域再生センター（あおぞら財団）研究員。
　主　著　「羽仁もと子の思想形成と理想社会──自由・協力・愛」『歴史学研究』第804号，2005年。
　　　　　「持続可能性に向けての教育に対応したリラックス型教材作成の実験的取り組み」『環境教育』第49号，2012年。
　　　　　『環境教育学』（共著，法律文化社，2012年）。

松岡弘之（まつおか・ひろゆき）

　1976年　広島県生まれ。
　　　　　大阪市立大学大学院文学研究科後期博士課程単位取得退学。
　　　　　修士（文学）。
　現　在　大阪市史料調査会　調査員。
　主　著　『隔離の島に生きる』（ふくろう出版，2011年）。
　　　　　「救護法施行前後の都市医療社会事業」『歴史評論』第726号，2010年。
　　　　　「戦前期ハンセン病療養所における患者自治」『ヒストリア』第229号，2011年。

執筆者紹介

入江智恵子（いりえ・ちえこ）

1980年　栃木県生まれ。
　　　　大阪市立大学大学院経営学研究科後期博士課程修了。
　　　　商学博士。
現　在　大阪市立大学大学院経営学研究科附属先端研究教育センター　特別研究員。
主　著　「西淀川大気汚染公害にみる公害湮滅の構造」畑明郎・上園昌武編『公害湮滅の構造と環境問題』（世界思想社，2007年）。
　　　　「消費者運動と公害反対運動をつなぐ論理の考察——『全大阪消費者団体連絡会』を素材にして」『大阪市大論集』第126号，2011年。
　　　　「西淀川大気汚染公害反対運動にみる問題の『とらえなおし』の意味——被害救済運動から未来志向的運動への転換の条件」除本理史・尾崎寛直・入江智恵子・林美帆『西淀川公害と「環境再生のまちづくり」』東京経済大学学術研究センター　ワーキング・ペーパー・シリーズ2010-E-01，2010年。

〈監修者紹介〉

宮本憲一（みやもと・けんいち）

　　1930年　台北市生まれ。
　　1953年　名古屋大学経済学部卒業。
　　現　在　大阪市立大学名誉教授，滋賀大学名誉教授。経済学博士（京都大学）。
　　主　著　『社会資本論』（有斐閣，1967年。改訂版，1976年），
　　　　　　『都市政策の思想と現実』（有斐閣，1999年），
　　　　　　『環境経済学』（岩波書店，1989年。新版，2007年）ほか多数。

森脇君雄（もりわき・きみお）

　　1935年　岡山県生まれ。
　　現　在　西淀川公害患者と家族の会会長，公益財団法人公害地域再生センター（あおぞら財団）
　　　　　　名誉理事長。
　　主　著　西淀川公害患者と家族の会編『西淀川公害を語る──公害と闘い環境再生をめざして』
　　　　　　（本の泉社，2008年）。

小田康徳（おだ・やすのり）

　　1946年　香川県生まれ。
　　　　　　大阪大学文学部，関西大学文学研究科修士課程を経て，1976年同博士課程を満期退学。
　　　　　　1983年文学博士（関西大学）。
　　現　在　大阪電気通信大学教授，西淀川・公害と環境資料館（エコミューズ）館長，
　　　　　　NPO法人旧真田山陸軍墓地とその保存を考える会理事長。
　　主　著　『近代日本の公害問題──史的形成過程の研究』（世界思想社，1983年），
　　　　　　『都市公害の形成──近代大阪の成長と生活環境』（世界思想社，1987年），
　　　　　　『近代大阪の工業化と都市形成』（明石書店，2011年）ほか多数。

西淀川公害の40年
――維持可能な環境都市をめざして――

2013年3月30日　初版第1刷発行　　　　　　　〈検印省略〉

定価はカバーに
表示しています

監修者	宮本　憲一 森脇　君雄 小田　康徳	
編著者	除本　理史 林　　美帆	
発行者	杉田　啓三	
印刷者	林　　初彦	

発行所　株式会社　ミネルヴァ書房
607-8494　京都市山科区日ノ岡堤谷町1
電話代表　(075)581-5191
振替口座　01020-0-8076

© 除本理史・林 美帆ほか, 2013　　　太洋社・兼文堂

ISBN978-4-623-06589-9
Printed in Japan

環境再生のまちづくり

――宮本憲一監修／遠藤宏一・岡田知弘・除本理史編著　Ａ５判　344頁　本体3500円
●四日市から考える政策提言　環境・福祉・公害判決から35年。地域経済の諸分野で何が必要か。いま「四日市」から問いかける。

環境政策のポリシー・ミックス

諸富徹編著　Ａ５判　314頁　本体3800円

環境政策の進展に伴い，ますます注目を集める環境税や排出権取引など，経済的手段を中心に，その理論と実際を豊富な事例に基づいて分析し，その意義と限界を明らかにする。政策手段の組み合わせ（ポリシー・ミックス）の観点からの最新のアプローチ。

自然資本の保全と評価

浅野耕太編著　Ａ５判　288頁　本体3800円

エコロジカルな制約は，持続可能な発展のために重要な制約条件である。本書は，このエコロジカルな制約を経済理論的に正しく理解した上で，公共政策や資源管理のあり方を検討し，自然資本やそれに影響を与える公共政策，資源管理への評価について，具体的事例と最新の知見を紹介する。

東アジアの経済発展と環境政策

森晶寿編著　Ａ５判　274頁　本体3800円

本書は，東アジアでの経済面・環境面での相互依存関係の実態を把握した上で，各国が持続可能な発展に向けてどのような政策を進展させ，各部門政策で環境政策を統合化しているのかを，国際比較を行いつつ明らかにする。またこれらの検証を基に，東アジアでの協力体制の構築の可能性を探る。

環境の政治経済学

除本理史・大島堅一・上園昌武著　Ａ５判　288頁　本体2800円

本書は，環境問題の解決に向けた道筋を，政治経済学の立場から考えるためのテキストである。環境問題と資本主義経済，国家とは，どのような関係にあるのか？　環境問題がローカルからグローバルに拡大する中で，私たちはどのように考え，行動すべきなのか？　一人ひとりが環境問題と向き合わねばならない時代の，考え方を養うための必読の一冊。

―― ミネルヴァ書房 ――
http://www.minervashobo.co.jp/